Ali El Roz

LXR et cancer du sein : Coopération avec les macrophages

Ali El Roz

LXR et cancer du sein : Coopération avec les macrophages

Études in vitro sur les modèles MCF-7 et THP-1

Presses Académiques Francophones

Impressum / Mentions légales
Bibliografische Information der Deutschen Nationalbibliothek: Die Deutsche Nationalbibliothek verzeichnet diese Publikation in der Deutschen Nationalbibliografie; detaillierte bibliografische Daten sind im Internet über http://dnb.d-nb.de abrufbar.
Alle in diesem Buch genannten Marken und Produktnamen unterliegen warenzeichen-, marken- oder patentrechtlichem Schutz bzw. sind Warenzeichen oder eingetragene Warenzeichen der jeweiligen Inhaber. Die Wiedergabe von Marken, Produktnamen, Gebrauchsnamen, Handelsnamen, Warenbezeichnungen u.s.w. in diesem Werk berechtigt auch ohne besondere Kennzeichnung nicht zu der Annahme, dass solche Namen im Sinne der Warenzeichen- und Markenschutzgesetzgebung als frei zu betrachten wären und daher von jedermann benutzt werden dürften.

Information bibliographique publiée par la Deutsche Nationalbibliothek: La Deutsche Nationalbibliothek inscrit cette publication à la Deutsche Nationalbibliografie; des données bibliographiques détaillées sont disponibles sur internet à l'adresse http://dnb.d-nb.de.
Toutes marques et noms de produits mentionnés dans ce livre demeurent sous la protection des marques, des marques déposées et des brevets, et sont des marques ou des marques déposées de leurs détenteurs respectifs. L'utilisation des marques, noms de produits, noms communs, noms commerciaux, descriptions de produits, etc, même sans qu'ils soient mentionnés de façon particulière dans ce livre ne signifie en aucune façon que ces noms peuvent être utilisés sans restriction à l'égard de la législation pour la protection des marques et des marques déposées et pourraient donc être utilisés par quiconque.

Coverbild / Photo de couverture: www.ingimage.com

Verlag / Editeur:
Presses Académiques Francophones
ist ein Imprint der / est une marque déposée de
OmniScriptum GmbH & Co. KG
Heinrich-Böcking-Str. 6-8, 66121 Saarbrücken, Deutschland / Allemagne
Email: info@presses-academiques.com

Herstellung: siehe letzte Seite /
Impression: voir la dernière page
ISBN: 978-3-8416-2302-7

Copyright / Droit d'auteur © 2013 OmniScriptum GmbH & Co. KG
Alle Rechte vorbehalten. / Tous droits réservés. Saarbrücken 2013

Liste des Abréviations

22(R)-HC	22(R)-hydroxycholestérol
24(S),25-EC	24(S),25-epoxycholestérol
ABC	ATP - Binding Cassette
ACAT	AcylCoA:cholestérol Acyltransférase
ACC	Acetyl CoA Carboxylase
AGPI	Acides Gras Polyinsaturés
ApoE	Apolipoprotéine E
BAX	BCL2-associated X protein
Bcl-2	B-Cell Lymphoma 2
CDK	Cyclines Kinases-Dépendantes
CLA	Conjugated Linoleic Acid
COX-2	Cyclooxygénase de type 2
CYP7A1	Cholesterol 7α-hydorxylase
DBD	DNA Binding Domain
DC	Cellules Dendritiques
DHA	Acide docosahexaénoïque
EGF	Epidermal Growth Factor
EPA	Acide eicosapentaénoïque
ER	Estrogen Receptor
FAS	Fatty Acid Synthase
HDL	High Density Lipoprotein
HMG-CoA	Hydroxy-3-methylglutarylcoenzyme
IL	Interleukine
LBD	Ligand Binding Domain
LDL	Low Density Lipoprotein
LT	Lymphocytes T
LXR	Liver X Receptor
LXRE	LXR Responsive Elements
MEC	Matrice Extracellulaire
NF-κB	Facteur Nucléaire-κB
NK	Natural Killer
NPC1L1	Niemann-Pick C1-like 1

NR	Récepteur nucléaire
PI-3K	Phosphatidylinositol-3-kinase
PPAR	Peroxisome Proliferator Activated Receptor
RCT	Reverse Cholesterol Transport
RXR	Retinoid X Receptor
SCD-1	Stearoyl-CoA Desaturase-1
SREBP	Sterol Regulatory Element Binding Protein
TAM	Tumor Associated Macrophages
TGF	Tumor Growth Factor
TNF	Tumor Necrosis Factor
Tx	Thromboxane
VEGF	Vascular Endothelial Growth Factor
VLDL	Very Low Density Lipoprotein

Partie Bibliographique _____ 10

1.1. Généralités _____ 11
1.1.1. Structure du tissu mammaire _____ 11
1.1.2. Incidence et quelques chiffres _____ 12
1.1.3. Facteurs de risque _____ 12
1.1.4. Les différents types de cancer du sein _____ 14
1.1.5. Stades et grades d'un cancer du sein _____ 15
1.1.6. Diagnostic _____ 17

1.2. Les traitements du cancer du sein _____ 18
1.2.1. La chirurgie _____ 19
1.2.2. La radiothérapie _____ 19
1.2.3. La chimiothérapie _____ 20
1.2.4. L'hormonothérapie _____ 20

2.1. Récepteurs nucléaires LXR _____ 22
2.1.1. LXRs : Généralités, expression, isoformes, structure _____ 22
2.1.2. Oxystérols : Agonistes naturels de LXR _____ 24
2.1.3. Autres agonistes de LXR _____ 24

2.2. Rôle de LXR dans le métabolisme lipidique _____ 26
2.2.1. Transport inverse du cholestérol _____ 27
2.2.2. Transporteurs ABC (ABCA1 et ABCG1) _____ 29
2.2.3. Apolipoprotéine E _____ 30
2.2.4. Synthèse du cholestérol _____ 31
2.2.5. Lipogenèse _____ 32

2.3. Rôle de LXR dans diverses pathologies _____ 34
2.3.1. LXR et athérosclérose _____ 34
2.3.2. LXR et inflammation _____ 35
2.3.3. LXR et diabète _____ 36
2.3.4. LXR et cancer _____ 36

2.4. LXR, cholestérol et cancer du sein _____ 38

3.1. Acides gras alimentaires et cancer _____ 41

3.2. Acides linoléiques conjugués (CLA) _____ 44
3.2.1. Généralités : Définition, isomères, structure _____ 44
3.2.2. CLA dans les aliments _____ 46

3.3. Effets des CLA sur la santé / Rôle dans diverses pathologies _____ 48
3.3.1. CLA et obésité _____ 48
3.3.2. CLA et maladies cardiovasculaires _____ 49
3.3.3. CLA et réponse immunitaire _____ 51
3.3.4. CLA, insulinorésistance et diabète _____ 52
3.3.5. CLA et cancérogenèse _____ 53

3.4. CLA et cancer du sein _____ 54
3.4.1. Etudes in vitro _____ 54
3.4.2. Etudes in vivo _____ 56
3.4.3. Etudes cliniques _____ 57

4.1. Le microenvironnement des tumeurs _____ 59
4.1.1. Composants du microenvironnement tumoral _____ 59
4.1.2. Les macrophages _____ 61

4.2. Macrophages et cancer _____ 61
 4.2.1. Reconnaissance des cellules tumorales par les macrophages _____ 61
 4.2.2. Macrophages associés aux tumeurs (TAMs) _____ 62
 4.2.3. Macrophages et immunothérapie contre les cancers _____ 64
 4.2.4. Macrophages et thérapie génique contre les cancers _____ 65

Questions posées - Objectifs _____ 68

Résultats - Discussion _____ 71
1.1. Introduction _____ 72
1.2. Publication 1 _____ 74
1.3. Discussion _____ 75
2.1. Introduction _____ 78
2.2. Publication 2 _____ 80
2.3. Discussion _____ 81
3.1. Introduction _____ 85
3.2. Publication 3 _____ 87
3.3. Discussion _____ 88

Conclusions et Perspectives _____ 93
Bibliographie _____ 101
Annexes - Fiches Techniques _____ 124

Introduction générale

Le cancer du sein est le cancer le plus fréquent chez la femme dans les pays occidentaux. Un quart des cancers qui apparaissent chez la femme sont des cancers du sein. Environ 52000 nouveaux cancers du sein sont diagnostiqués chaque année en France.

Le mode de vie et la nutrition sont reconnus pour influencer cette pathologie, sans tenir compte des altérations au niveau génétique qui caractérisent la plupart des cancers. De nombreuses études cliniques et précliniques se sont intéressées à l'effet de divers facteurs nutritionnels sur la réponse des sujets atteints de cancer du sein aux traitements. D'autres études plus fondamentales se sont focalisées sur les mécanismes biologiques et moléculaires impliqués dans les effets des nutriments sur le développement tumoral.

Les nutriments lipidiques peuvent intervenir dans la modulation des cancers en interagissant avec leurs récepteurs cellulaires. Parmi ces récepteurs, le facteur nucléaire Liver X Receptor (LXR), qui joue un rôle central dans l'homéostasie lipidique et glucidique dans plusieurs types cellulaires, semble avoir une fonction essentielle dans ce sens. Les molécules interagissant avec LXR, qui sont surtout de nature stérolique (dérivés oxydés du cholestérol), induisent une signalisation cellulaire permettant à ce facteur d'activer ses gènes cibles. Les gènes cibles de LXR apparaissent liés au transport inverse du cholestérol, qui permet le retour de ce lipide des tissus périphériques vers le foie. LXR a été montré comme étant capable de réguler l'expression des transporteurs ABC (ATP - Binding Cassette), notamment ABCA1 et ABCG1, impliqués dans l'efflux du cholestérol, ainsi que l'apolipoprotéine E (ApoE) qui peut servir d'accepteur de cholestérol dans le milieu.

Des travaux récents ont montré que les agonistes de LXR inhibent la prolifération cellulaire de différentes lignées cancéreuses in vitro.

De plus, certains isomères conjugués de l'acide linoléique (CLA), dont le rôle anti-tumoral est bien documenté, ont récemment été présentés comme activateurs potentiels de LXR. Ces isomères CLA sont des acides gras présents dans les aliments d'origine animale comme la viande des ruminants ou certains produits laitiers, et peuvent également être générés sous l'action de la flore bactérienne intestinale. Ils se distinguent par la géométrie Cis (c) ou Trans (t), et par le positionnement des doubles liaisons sur la chaîne carbonée.

D'autre part, le microenvironnement des cellules tumorales est riche en macrophages pouvant infiltrer la tumeur et moduler la croissance des cellules cancéreuses. L'action principale de LXR dans les macrophages est de maintenir une certaine homéostasie du cholestérol puisque le résultat de son activation est une augmentation des transporteurs ABCA1 et ABCG1, ainsi que la sécrétion de l'ApoE qui participe à l'efflux du cholestérol.

Les questions auxquelles nous avons essayé de répondre durant ce projet sont les suivantes :

1) Est-ce qu'un effet inhibiteur de la prolifération tumorale par des agonistes de LXR peut être associé à une augmentation de l'efflux du cholestérol ?

2) Y a-t-il un isomère CLA capable d'activer le facteur LXR dans les cellules du cancer du sein tout en inhibant leur prolifération ?

3) Est-ce qu'une activation de LXR dans le microenvironnement tumoral représenté par les macrophages infiltrant, peut potentialiser l'effet inhibiteur du développement tumoral ? Notamment par la sécrétion de l'ApoE macrophagique ?

Afin de répondre à ces différentes questions, nous avons réalisé dans un premier temps une étude portant sur l'effet des agonistes naturels (oxystérols) et synthétiques de LXR dans un modèle de carcinome mammaire in vitro (cellules MCF-7), en nous intéressant à la prolifération, de l'apoptose ainsi qu'à l'efflux du cholestérol.

Dans une deuxième étude nous avons évalué l'effet de 3 isomères de l'acide gras CLA sur l'activation du facteur LXR et sur la prolifération des cellules MCF-7.

Enfin nous avons réalisé une troisième étude portant sur le rôle de l'ApoE macrophagique sécrétée sous l'influence de LXR dans l'inhibition de la prolifération tumorale des cellules cancéreuses mammaires MCF-7.

Dans notre partie bibliographique nous rappellerons dans un premier temps des notions et des généralités sur le cancer du sein. Ensuite nous présenterons le rôle de LXR dans le métabolisme lipidique ainsi qu'une synthèse des connaissances sur son effet dans diverses pathologies, notamment dans le cancer du sein. Nous décrirons également les acides gras CLA et leurs effets sur la santé humaine et le développement tumoral mammaire. Enfin, nous aborderons les effets des macrophages dans le microenvironnement tumoral.

Introduction générale

Partie Bibliographique

1. Cancer du sein

1.1. Généralités

1.1.1. Structure du tissu mammaire

Le tissu mammaire est composé d'une glande mammaire, des fibres et de la graisse, et est parcouru par des vaisseaux sanguins et des vaisseaux lymphatiques. Les compartiments de la glande mammaire sont constitués de lobules et de canaux. Le rôle des lobules est de produire le lait en période d'allaitement. Les canaux transportent le lait vers le mamelon. La glande mammaire se développe et fonctionne sous l'influence des hormones sexuelles fabriquées par les ovaires. Ces hormones sont de deux types : 1) Les œstrogènes, qui permettent notamment le développement des seins au moment de la puberté, stimulent les canaux en deuxième partie du cycle et jouent un rôle important tout au long de la grossesse, et 2) la progestérone, qui joue notamment un rôle dans la différentiation des cellules du sein.

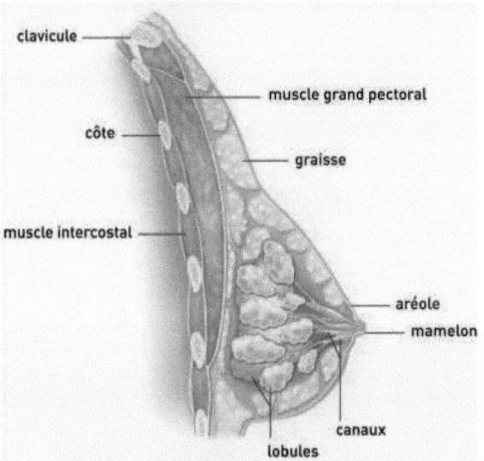

Figure 1. Structure du sein (source : INCa)

1.1.2. Incidence et quelques chiffres

Le cancer du sein est une tumeur maligne de la glande mammaire, le plus fréquent des cancers chez la femme. L'incidence enregistrée dans le monde en 2010 est de 1 643 000 nouveaux cas et 425 000 décès (Forouzanfar *et al.* 2011). Le taux de cancers du sein survenus par an dans le monde en 2011 est de 99,7 pour 100 000 femmes, avec un taux de mortalité égale à 16,0 pour 100 000 femmes.

En France, le cancer du sein représente plus d'un tiers (34 %) de l'ensemble des nouveaux cas de cancers féminins. Selon les données de l'Institut de Veille Sanitaire (InVS) et de l'Institut national de la santé et de la recherche médicale (Inserm), environ 53 000 nouveaux cas et 11 500 décès ont été estimés en 2011. Alors que le nombre de nouveaux cas augmente, la mortalité liée à ce cancer diminue depuis 2000 grâce à l'amélioration et l'efficacité des traitements disponibles ainsi que le dépistage organisé qui conduit à des diagnostics plus précoces. Les taux de survie à 3 et à 5 ans après le diagnostic sont en moyenne de 90 % et 85 %. Ils diminuent cependant avec l'âge et la sévérité du stade au moment du diagnostic.

1.1.3. Facteurs de risque

Malgré les progrès qui ont permis de mieux connaître les mécanismes de développement des cancers, les causes du cancer du sein ne sont actuellement pas connues. Néanmoins, les études ont mis en évidence certains facteurs de risque qui favorisent un cancer du sein. On distingue :

- les facteurs de risque internes (âge, antécédents personnels, antécédents familiaux, prédispositions génétiques, etc.).
- les facteurs de risque externes, liés à l'environnement et aux modes et conditions/habitudes de vie (l'exposition de l'organisme aux hormones, la consommation du tabac, la consommation d'alcool, le surpoids, etc.).

L'âge est un facteur important ; 3 cancers du sein sur 4 se déclarent après 50 ans. La maladie est rare chez la femme de moins de 35 ans. Pour cette raison, les programmes de dépistage organisé du cancer du sein ont été mis en place pour les femmes de plus de 50 ans. De plus, il est connu que 20 à 30 % des cancers du sein se manifestent chez des femmes présentant des antécédents familiaux (mère, sœur, etc.). D'autre part certaines prédispositions génétiques peuvent être la cause de 5 à 10 % des cancers du sein (Gage *et al.* 2012). Les principales mutations génétiques affectent les gènes Breast Cancer-1 et 2 (BRCA1, BRCA2) (Pasche 2010), qui appartiennent à une classe de gènes suppresseurs de tumeurs, et exercent un rôle dans la réparation des dommages de l'ADN.

Les comportements et les habitudes de vie de l'individu peuvent également avoir un impact sur l'apparition du cancer du sein. Le plus important est l'exposition de l'organisme aux hormones sexuelles oestrogéniques, notamment au cours du traitement hormonal substitutif de la ménopause prescrit pendant une longue durée (> 10 ans) (Beral 2003). De nombreuses études ont également montré que la consommation exagérée du tabac (Johnson *et al.* 2011) et de l'alcool (Boffetta *et al.* 2006), ainsi que le surpoids (Dirat *et al.* 2011), sont des facteurs qui augmentent le risque et la fréquence de l'apparition d'un cancer du sein.

Partie Bibliographique

Une relation entre un régime alimentaire riche en graisses et l'apparition d'un cancer du sein a également été montrée (Blackburn and Wang 2007).

1.1.4. Les différents types de cancer du sein

Il existe différents types de cancer du sein. Les plus fréquents (95 %) se développent à partir des cellules des canaux (cancer canalaire), et des cellules des lobules (cancer lobulaire). On les appelle des adénocarcinomes, puisqu'ils se développent à partir des cellules épithéliales (= carcinome) de la glande mammaire (= adéno). Les adénocarcinomes canalaires sont plus fréquents que les adénocarcinomes lobulaires. On distingue les cancers in situ et les cancers invasifs ou infiltrants.

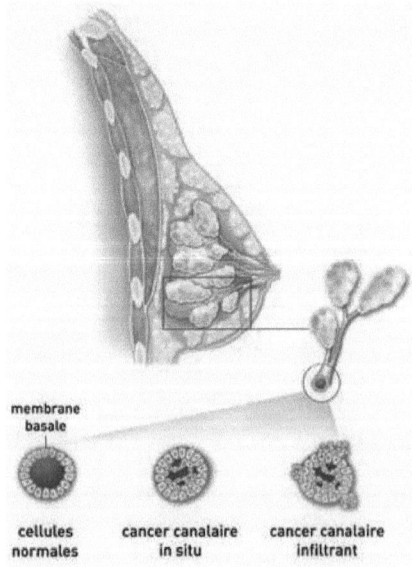

Figure 2. *Cancers canalaires in situ et infiltrant* (source : INCa)

On parle de cancer in situ lorsque les cellules cancéreuses se trouvent uniquement à l'intérieur des canaux ou des lobules, sans que la tumeur ait infiltré le tissu qui les entoure. D'autre part, on parle d'un adénocarcinome infiltrant lorsque les cellules cancéreuses ont infiltré le tissu qui entoure les canaux et les lobules. Les cancers infiltrants sont le plus souvent des cancers canalaires, alors que le cancer lobulaire infiltrant est plus rare. Les cancers infiltrants peuvent se propager vers les ganglions ou vers d'autres parties du corps.

1.1.5. Stades et grades d'un cancer du sein

Les médecins prennent en compte 3 critères pour évaluer l'étendue d'un cancer du sein : la taille et l'infiltration de la tumeur, l'atteinte ou non des ganglions lymphatiques et la présence ou non de métastases. Ces 3 critères permettent de définir le stade du cancer selon la classification « TNM » de l'Union internationale contre le cancer (UICC) et de l'American Joint Committee on Cancer (AJCC). TNM signifie en anglais « Tumor, Nodes, Metastasis » soit « tumeur, ganglions, métastases ». Cette classification décrit le degré d'envahissement de la tumeur et des ganglions lymphatiques. En fonction des caractéristiques observées lors d'un examen clinique réalisé avant tout traitement, et d'un examen anatomopathologique réalisé après la chirurgie, une annotation par lettre ou par chiffre est portée pour T, N ou M :

- Tx (la tumeur ne peut pas être évaluée), puis T1 à T4 pour la taille de la tumeur ;
- Nx (l'envahissement des ganglions ne peut pas être évalué), puis N1 à N3 pour le degré d'envahissement des ganglions ;

- Mx (renseignements insuffisants pour classer les métastases à distance), M0 et M1 pour la présence ou non de métastase à distance.

Le stade des cancers du sein au moment du diagnostic est exprimé par un chiffre romain allant de 0 à IV.

- **Le stade 0** désigne les carcinomes du sein in situ. Les cellules cancéreuses se trouvent uniquement à l'intérieur des canaux ou des lobules (T0), sans que la tumeur ait franchi la membrane basale. Les ganglions lymphatiques ne sont pas atteints (N0) et il n'y a pas de métastase à distance (M0). Il se distingue du carcinome infiltrant par l'absence de franchissement de la membrane basale et d'envahissement du tissu voisin

- **Le stade I** désigne les cancers du sein infiltrants dont le diamètre est inférieur ou égal à 2 centimètres. La tumeur ne s'est pas étendue au-delà du sein (T1), il s'agit d'un cancer localisé. Les ganglions lymphatiques ne sont pas atteints (N0) et il n'y a pas de métastase à distance (M0).

- **Le stade II** désigne les cancers infiltrants dont le diamètre est compris entre 0 et 5 centimètres et avec 1 à 3 ganglions envahis (N1), sans qu'il y ait de métastases à distance.

- **Le stade III** désigne les cancers infiltrants avec une importante atteinte ganglionnaire, soit 4 à 9 ganglions envahis (N2) ou plus que 10 ganglions axillaires envahis (N3), sans qu'il y ait de métastases à distance.

- **Le stade IV** désigne les cancers du sein qui présentent des métastases à distance (généralement les os, les poumons ou les ganglions lymphatiques éloignés du sein). On parle aussi de cancer du sein métastatique.

Les grades d'un cancer du sein donnent une idée quant à son agressivité. Un examen anatomopathologique d'un échantillon de tumeur permet d'évaluer et de définir le grade d'un cancer, et cela en évaluant trois paramètres morphologiques : l'architecture tumorale, la forme et la taille du noyau et le nombre de cellules qui se divisent (activité mitotique). Chacun de ces 3 critères est évalué et une note allant de 1 à 3 lui est attribuée. La somme des notes obtenues pour chacun des trois critères permet de classer un cancer d'un grade I à III. D'une manière générale :

- **Le grade I** correspond aux tumeurs les moins agressives ;
- **Le grade III** correspond aux tumeurs les plus agressives ;
- **Le grade II** est un grade intermédiaire entre les grades 1 et 3.

1.1.6. Diagnostic

Un cancer de sein est le plus souvent diagnostiqué à quatre occasions :

- Lors de découverte des symptômes par la patiente elle-même.
- Lors d'une consultation de dépistage.
- Lors d'une consultation habituelle chez le gynécologue.
- Lors de la surveillance d'un premier cancer du sein.

Un bilan diagnostique est effectué par le médecin spécialiste après un examen physique des seins qui prend en compte les éléments suivants : la taille de la tumeur, la mobilité de la tumeur, la localisation de la tumeur, l'aspect de la peau, l'augmentation de la taille de la tumeur, la palpation des ganglions. En fonction de cet examen physique le médecin prescrit des examens complémentaires afin de confirmer ou d'éliminer le diagnostic de cancer. Les examens complémentaires les plus fréquents du bilan diagnostique du cancer du sein sont :

- **Examen radiologique : La mammographie.** Cet examen permet de détecter des anomalies de petite taille, dont certaines seulement se révéleront être un cancer. Ces anomalies sont parfois détectées même si l'examen clinique est normal. La mammographie est complétée par une échographie mammaire si besoin.
- **Examen anatomopathologique** (prélèvements des cellules et des tissus). Les examens cytopathologique et histopathologique sont réalisés afin de donner des informations précises sur le type de cancer et ses caractéristiques.
- **Examens sanguins** réalisés dans le but de doser certains marqueurs tumoraux et donner des indications sur l'évolution de la maladie.

1.2. Les traitements du cancer du sein

Différents types de traitements du cancer du sein sont effectués seuls ou associés entre eux. Ils s'organisent autour de quatre approches complémentaires et souvent associées : la chirurgie, la radiothérapie, l'hormonothérapie et la chimiothérapie. Ils sont adaptés en fonction de chaque situation et dépendent du type du cancer, son stade, son grade ainsi que l'état de santé général de la patiente. Nous définissons ci-dessous ces différents traitements avec une brève description sans donner tous les détails médicaux.

1.2.1. La chirurgie

Elle est le plus souvent réalisée en premier et a pour objectif d'enlever les tissus atteints par les cellules cancéreuses. Elle est parfois précédée d'un traitement médical, dit alors « néoadujvant » (une chimiothérapie ou une hormonothérapie) qui peut permettre de réduire la taille de la tumeur afin de faciliter l'intervention.

Deux types de chirurgie peuvent être pratiqués :

- **La chirurgie conservatrice (ou tumorectomie),** qui consiste à retirer la totalité de la tumeur et une petite quantité des tissus qui l'entourent de façon à conserver la plus grande partie du sein. Elle s'accompagne toujours d'une radiothérapie.
- **La chirurgie non conservatrice (ou mastectomie),** qui consiste à retirer la totalité du sein y compris l'aréole et le mamelon. Dans ce cas, différentes techniques de reconstruction du sein peuvent être proposées.

1.2.2. La radiothérapie

Elle vise à compléter la chirurgie en réduisant la taille de la tumeur avant l'opération ou en détruisant d'éventuelles cellules cancéreuses encore présentes dans les tissus, après l'intervention.

Deux techniques sont utilisées :

- **La radiothérapie externe** est la plus utilisée, et consiste à émettre des rayonnements ionisant en faisceau qui traversent la peau pour atteindre la zone à traiter.

- **La curiethérapie,** qui consiste à insérer directement dans le sein à l'aide de petits tubes creux des substances radioactives qui délivrent un rayonnement de faible énergie, limité à la zone traitée.

1.2.3. La chimiothérapie

Il s'agit d'un traitement à base de médicaments anticancéreux qui visent à éliminer les cellules cancéreuses soit en les détruisant directement, soit en bloquant leur multiplication. C'est un traitement général, qui agit dans l'ensemble du corps et permet d'atteindre les cellules cancéreuses quelle que soit leur localisation dans le corps. Les médicaments de chimiothérapie sont administrés le plus souvent par perfusion, ou parfois par voie orale sous forme de comprimés. De nombreux médicaments sont utilisés dans le traitement des cancers du sein comme la doxorubicine (famille des antracyclines), le cyclophosphamide, le fluoro-uracile, le méthotrexate et les taxanes. Malheureusement des effets secondaires sont associés à ce type de traitement comme la chute des cheveux, les nausées, la baisse des globules blancs et globules rouges et des plaquettes, les douleurs musculaires ou articulaires, etc.

1.2.4. L'hormonothérapie

C'est un traitement du cancer du sein qui s'oppose à l'action des hormones féminines (œstrogènes et progestérone) qui stimulent la croissance de certaines tumeurs « hormonosensibles » porteuses de récepteurs hormonaux. En s'opposant à ces hormones, l'hormonothérapie vise ainsi à empêcher leur action stimulante sur les cellules cancéreuses des cancers du sein hormonosensibles.

Il existe deux types de médicaments capables de ralentir ou bloquer l'action de ces hormones :

- Les **anti-œstrogènes** qui se fixent à la surface des cellules cancéreuses pour bloquer les récepteurs aux œstrogènes.

- Les **inhibiteurs de l'aromatase** empêchent la transformation (aromatisation) des androgènes en œstrogènes chez la femme ménopausée.

2. LXR et cancer du sein

2.1. Récepteurs nucléaires LXR

Les récepteurs nucléaires (NRs) forment une famille de 48 membres régulateurs de la transcription génique qui contrôle l'homéostasie de plusieurs processus biologiques comme le développement, la reproduction, la croissance cellulaire, le métabolisme, l'immunité et l'inflammation. Ces NRs agissent en tant que facteurs de transcription pour réguler l'expression génique en réponse à des ligands lipophiles comme les stéroïdes, les hormones, les acides gras et les métabolites du cholestérol. Ces composés se fixent directement sur le domaine de fixation de ligand (« ligand-binding domain, LBD) des NRs pour induire le recrutement de différents types de corégulateurs (co-activateurs ou co-répresseurs) afin de déterminer si un NR donné activera ou réprimera la transcription des gènes cibles.

2.1.1. LXRs : Généralités, expression, isoformes, structure

Les récepteurs nucléaires Liver X Receptors (LXRs) appartenant à la famille des NRs, ont été découverts et isolés au milieu des années 1990 à partir d'une librairie de cDNA du foie de rat, et identifiés comme des récepteurs nucléaires orphelins puisque leurs ligands physiologiques n'étaient pas connus, d'où leur nom (LXR). Ils existent sous 2 isoformes : LXRα (Willy *et al.* 1995), exprimé majoritairement dans le foie, l'intestin, le tissu adipeux, les reins et les macrophages, et LXRβ (Song *et al.* 1994), qui est plus ubiquitaire (Repa and Mangelsdorf 2000).

Ces récepteurs sont composés de 4 domaines indépendants (Lehmann *et al.* 1997; Souidi *et al.* 2004) : 1) un domaine N-terminal activateur (AF-1) qui permet le recrutement des coactivateurs indépendants des ligands, 2) un domaine de fixation de l'ADN (« DNA-binding domain » ; DBD) contenant 2 doigts de zinc, 3) un domaine charnière sur lequel se fixe des co-répresseurs en l'absence de ligands, et 4) un domaine C-terminal contenant le domaine hydrophobe de fixation de ligand (LBD) ainsi que le domaine de transactivation (AF-2) permettant le recrutement des coactivateurs. Il est intéressant de noter que les 2 récepteurs LXRα (447 aa) et LXRβ (460 aa) partagent une homologie structurale en acides aminés à 80 % dans les domaines DBD et LBD (Moore *et al.* 2006).

Les récepteurs LXR appartiennent à la famille des facteurs de transcription qui forment des hétérodimères permissifs (pouvant être activés par les ligands de l'un ou l'autre des partenaires) avec RXR (Retinoid X Receptor). Les hétérodimères se lient sur des zones spécifiques de l'ADN, appelées LXR Responsive Elements (LXRE) pour réguler l'expression des gènes correspondants. Ces zones LXRE se composent de 2 répétitions de la séquence 5'-AGGTCA-3' séparés par 1 ou 4 nucléotides (DR1 ou DR4).

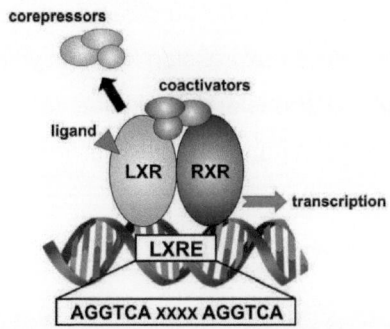

Figure 3. *Mécanisme de la régulation transcriptionnelle médiée par l'hétérodimère LXR-RXR (Baranowski 2008)*

Partie Bibliographique

2.1.2. Oxystérols : Agonistes naturels de LXR

Bien que les récepteurs LXRs aient été initialement découverts comme « récepteurs orphelins », la recherche de ligands naturels a conduit à l'identification de plusieurs oxystérols, qui sont des métabolites oxydés du cholestérol, comme des agonistes naturels de LXR (Janowski *et al.* 1996). Il existe deux sources principales d'oxystérols chez les mammifères : 1) la production endogène par les voies enzymatiques et chimiques, 2) l'apport nutritionnel exogène. Les principaux métabolites oxydés du cholestérol qui ont montré une activité inductrice importante de LXR sont : le 24(S)-hydroxycholestérol [24(S)-HC], présent dans le cerveau et dans le plasma, le 22(R)-hydroxycholestérol [22(R)-HC] qui est un métabolite de la biosynthèse des hormones stéroïdes, le 24(S),25-epoxycholestérol [24(S),25-FC] dans le foie, et le 27-hydroxycholestérol (27-HC) dans les macrophages et le plasma. Il a été montré que ces oxystérols se fixent directement aux récepteurs LXRs avec des valeurs de K_d entre 0,1 et 0,4 µM et qu'ils ont une affinité similaire à l'égard des 2 isoformes de LXR (Janowski *et al.* 1999). Cependant le cholestérol en soi n'est pas un ligand de LXR. La démonstration ultime que les oxystérols sont les « vrais » agonistes de LXR *in vivo* est apparue dans l'étude du groupe de Russell (Chen *et al.* 2007) qui a montré qu'une surexpression de l'enzyme catabolisant les oxystérols (cholestérol sulfotransférase), inhibe la voie de LXR dans plusieurs lignées cellulaires et dans des modèles de souris *in vivo*.

2.1.3. Autres agonistes de LXR

D'autres dérivés du cholestérol ont été présentés comme des agonistes de LXR comme le Follicular fluid-meiosis-activating sterol (FF-MAS) qui active le LXRα (Ruan *et al*. 1998), le desmostérol qui est un intermédiaire de la biosynthèse du cholestérol (Yang *et al*. 2006), ainsi que des stérols d'origine végétales comme le sitostérol (Plat *et al*. 2005). Plusieurs autres ligands d'origines végétales ont été identifiés comme activateurs de LXR (Viennois *et al*. 2012).

Des sociétés pharmaceutiques se sont intéressés à synthétiser des agonistes synthétiques de LXR. Parmi lesquels on distingue le T0901317 et le GW3965 qui sont des composés non stéroïdiens, et sont les ligands les plus utilisés dans les études expérimentales. Cependant des études ont montré que l'utilisation thérapeutique de ces composés chez l'homme est impossible à cause de leurs effets temporaires favorisant l'hypertriglycéridémie (Joseph *et al*. 2002; Bradley *et al*. 2007) (voir partie 2-2-5).

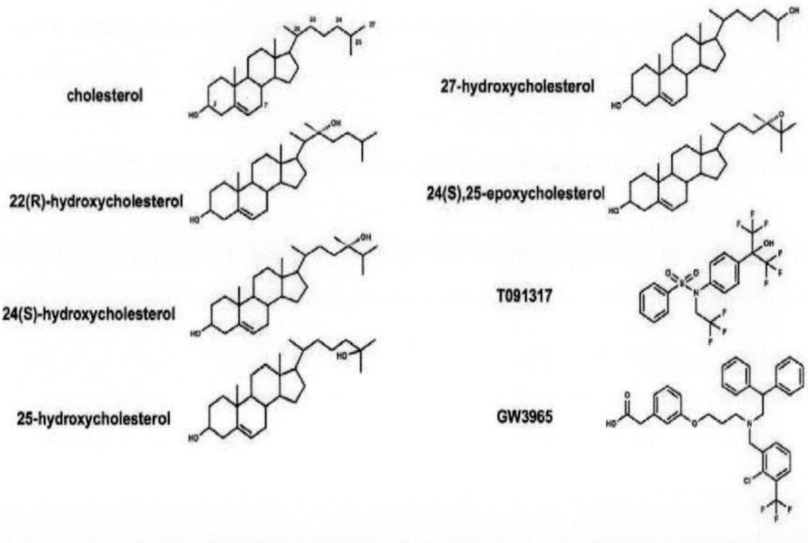

Figure 4. Les principaux ligands naturels et synthétiques de LXR (Torocsik et al. 2009)

2.2. Rôle de LXR dans le métabolisme lipidique

Durant les deux dernières décennies beaucoup de recherches se sont focalisées sur l'identification des fonctions physiologiques des NRs. Le développement des agonistes synthétiques des récepteurs LXRs ainsi que les études sur les souris déficientes en LXR (LXR knock out ou LXR$^{-/-}$) ont conduit à la découverte de différentes voies de signalisation cibles ayant un effet direct sur des fonctions physiologiques clés : 1) le métabolisme lipidique (acide gras et cholestérol), 2) l'homéostasie du glucose, 3) la stéroïdogenèse, et 4) l'immunité. Ici nous développons en détails le rôle de LXR dans le métabolisme lipidique en nous focalisant en particulier sur son rôle dans le métabolisme du cholestérol.

Le cholestérol est un précurseur essentiel aux hormones stéroïdes (progestérone, œstrogène, testostérone, glucocorticoïdes et minéralocorticoïdes), aux acides biliaires et à la vitamine D. Il est un constituant vital des membranes cellulaires, modulant leur fluidité et perméabilité. Sa source principale étant la biosynthèse endogène, il peut aussi avoir des sources alimentaires. L'homéostasie du cholestérol implique son mouvement entre les tissus périphériques et le foie qui régule la biosynthèse *de novo* du cholestérol, sa sécrétion dans le sang en lipoprotéines de très basse densité (VLDL : very low density lipoproteins) et sa dégradation en acides biliaires. L'intestin quant à lui régule l'absorption du cholestérol et son excrétion fécale.

Le récepteur nucléaire LXR est connu comme étant un « sensor » de l'excès du cholestérol puisqu'il induit différents mécanismes de protection contre l'accumulation cellulaire du cholestérol. L'action de LXR conduit à :

Partie Bibliographique

- L'efflux du cholestérol, son transport vers le foie et l'excrétion biliaire ; processus connu sous le nom de **« transport inverse du cholestérol »** (RCT : reverse cholesterol transport),
- L'inhibition de l'absorption intestinale du cholestérol en induisant l'expression des transporteurs ATP-binding cassette (ABC) G5 et ABCG8 (Repa *et al.* 2002) et en inhibant l'expression la protéine Niemann-Pick C1-like 1 (NPC1L1) qui est une protéine clé dans l'absorption intestinale du cholestérol (Duval *et al.* 2006),
- L'inhibition de la synthèse *de novo* du cholestérol, en régulant notamment le clivage du facteur SREBP-2 (Peet *et al.* 1998),
- La synthèse des acides biliaires notamment par l'activation de l'enzyme cholestérol 7α-hydorxylase (CYP7A1) qui est une enzyme clé dans la synthèse des acides biliaires (Menke *et al.* 2002).

Nous développons ci-dessous l'effet de LXR sur le transport inverse du cholestérol ainsi que sur la synthèse *de novo* du cholestérol. Enfin nous évoquons le rôle de LXR dans la lipogenèse.

2.2.1. Transport inverse du cholestérol

L'accumulation du cholestérol dans les macrophages de la paroi vasculaire est considérée comme un événement primaire pour le développement de l'athérosclérose, et par conséquent, l'élimination de l'excès du cholestérol à partir de ces cellules est importante pour la prévention et / ou le traitement de maladies cardiovasculaires conséquences de l'athérome. Le transport inverse du cholestérol (RCT) est un processus par lequel le cholestérol accumulé est transporté des tissus périphériques vers le foie où il sera dégradé en acides biliaires avant son élimination dans les fèces. L'efflux cellulaire du cholestérol, déclenché par les transporteurs membranaires ATP-binding cassette (ABC) A1 et ABCG1, est considéré comme étant la première étape du RCT (voir partie 2-2-2). Le transport est assuré par les lipoprotéines de haute densité (HDLs : high density lipoproteins) ou les apolipoprotéines pauvres en lipide comme l'apoA-1 et l'ApoE. Pour jouer ce rôle, LXR stimule l'expression de plusieurs gènes participant à cet efflux, notamment les transporteurs ABCA1 et ABCG1, ainsi que l'ApoE.

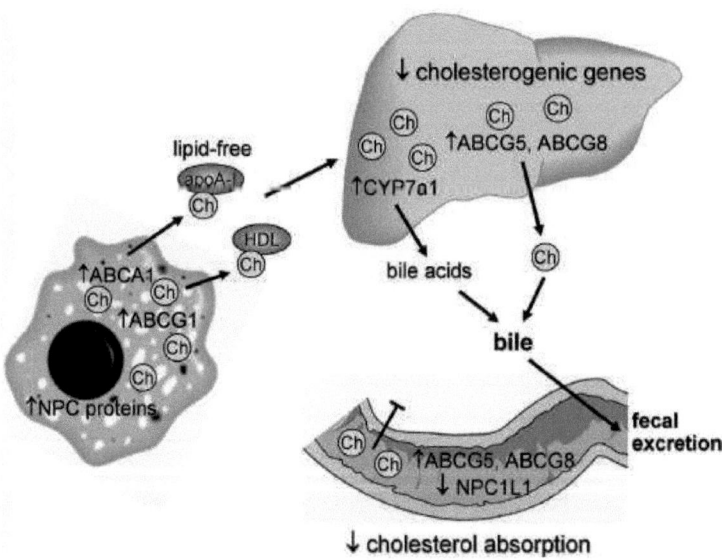

Figure 5. Rôle de LXR dans le métabolisme et le transport du cholestérol
(Baranowski 2008)

2.2.2. Transporteurs ABC (ABCA1 et ABCG1)

La famille des transporteurs Adenosine Triphosphate-Binding Cassette comprend au moins 4 transporteurs impliqués dans l'efflux du cholestérol : ABCA1, ABCG1, ABCG5 et ABCG8. Ils modulent le métabolisme du cholestérol et des lipoprotéines et ils sont responsables de la translocation des phospholipides, acides biliaires et stérols chez les procaryotes et les eucaryotes.

L'ABCA1 régule le transport du cholestérol et des phospholipides à partir des membranes cytoplasmiques vers les accepteurs pauvres en lipides comme les apolipoprotéines (A,E) ainsi que les « pré β-HDL » discoïdales pauvres en lipides. A part son rôle dans le RCT, Il est donc responsable de la formation des HDLs naissantes dans le foie et dans l'intestin. Il a été montré qu'il est induit après une activation pharmacologique de LXR avec l'agoniste T0901317 (Repa *et al.* 2000), et plus tard les éléments de réponse LXRE ont été identifiés dans son gène (Costet *et al.* 2000). Il est présent principalement dans les macrophages, les entérocytes et les hépatocytes.

La mutation du gène ABCA1 a été identifiée comme étant à l'origine de la maladie de Tangier qui est une maladie génétique rare caractérisée par une accumulation du cholestérol dans les tissus et les macrophages et une diminution des HDLs, ce qui entraine le développement de maladies cardiovasculaires prématurées (Brooks-Wilson *et al.* 1999). Les souris invalidées pour l'ABCA1 ont des niveaux plasmatiques de cholestérol et phospholipides diminués avec une absence des HDL dans le plasma (McNeish *et al.* 2000; Orso *et al.* 2000). D'autre part, les souris transgéniques qui expriment l'ABCA1 humaine présentent une concentration de cholestérol plasmatique augmentée, liée à une augmentation du cholestérol dans les HDLs d'origine hépatique et une augmentation du RCT (Vaisman et al. 2001).

Le transporteur ABCG1 est lui aussi induit par le récepteur LXR et une zone LXRE a été identifié dans son promoteur (Kennedy et al. 2001; Sabol et al. 2005). Il est fortement exprimé dans les macrophages, ainsi que dans d'autres tissus. Contrairement à ABCA1 qui transporte le cholestérol vers les apolipoprotéines pauvres en lipides, l'ABCG1 transporte le cholestérol vers les accepteurs HDLs matures (Wang et al. 2004).

2.2.3. Apolipoprotéine E

L'ApoE est une autre cible activée par LXR suite à la présence des éléments de réponse LXRE dans son gène (Laffitte et al. 2001). Cette apolipoprotéine est présente en grandes quantités sur la surface des lipoprotéines comme les VLDL, les chylomicrons et les HDL, et a une grande affinité pour les récepteurs des LDL. Elle participe à la captation hépatique des lipoprotéines, chylomicrons résiduels, VLDL et certaines HDL. Ce rôle a été confirmé par l'accumulation des VLDLs et IDLs (Intermediate Density Lipoproteins) plasmatiques chez les souris invalidées pour l'ApoE (Plump et al. 1992; Zhang et al. 1992).

De plus, il a été décrit que l'ApoE joue un rôle dans le RCT. Les HDLs des souris invalidées pour l'ApoE ont une faible capacité à faire sortir le cholestérol des macrophages (Basu et al. 1982; Hayek et al. 1994). D'une manière intéressante il a été montré qu'elle peut également servir comme accepteur extracellulaire du cholestérol pompé par l'ABCA1 (Wouters et al. 2005), en formant un complexe avec ce transporteur de la même façon que l'apoA-1 en induisant la lipidation de l'ApoE par microsolubilisation de la membrane (Krimbou *et al.* 2004).

Ainsi LXR stimule le RCT pas seulement en induisant l'expression des transporteurs membranaires ABCA1 et ABCG1, mais aussi en augmentant la disponibilité des accepteurs extracellulaires du cholestérol comme l'ApoE.

2.2.4. Synthèse du cholestérol

Le contenu cellulaire en cholestérol dépend de l'équilibre entre 3 processus : 1) la synthèse intracellulaire, 2) la captation par les lipoprotéines plasmatiques, surtout les LDLs, et 3) l'efflux de la cellule vers les lipoprotéines plasmatiques, principalement les HDLs. La synthèse du cholestérol est régulée d'une façon à maintenir un contenu constant en cholestérol et par conséquent elle s'adapte aux 2 autres processus. En raison de l'effet considérable des agonistes du récepteur LXR sur l'efflux du cholestérol de la cellule, il a été essentiel d'étudier l'effet sur la biosynthèse *de novo* qui est susceptible à s'adapter à des tels changements au niveau de la concentration en cholestérol.

Le facteur de transcription SREBP-2 (sterol regulatory element binding protein-2) est un précurseur qui réside dans le réticulum endoplasmique sous sa forme inactive. Après son activation il est clivé pour regagner le noyau et stimuler l'expression des enzymes participant à la biosynthèse du cholestérol dans le foie comme la 3-hydroxy-3-méthylglutarylcoenzyme A (HMG-CoA) réductase et synthase, la farnésylpyrophosphate synthase et la squalène synthase. Il a été montré chez des souris déficientes en LXRα que l'expression hépatique du facteur SREBP-2 ainsi que ses gènes cibles est augmentée (Peet et al.

1998). De plus, une autre étude montre que l'agoniste T0901317 réduit l'expression hépatique de l'enzyme HMG-CoA réductase chez des souris wild-type (Schultz et al. 2000). Néanmoins il faut noter que les agonistes naturels de LXR (les stérols) peuvent réguler la synthèse du cholestérol en inhibant le clivage du facteur SREBP-2 d'une façon indépendante de LXR, ce qui suggère que l'inhibition de la synthèse du cholestérol par LXR devrait être davantage étudiée. Etonnamment, une étude montre que les agonistes synthétiques (T0901317 et GW3965), et pas les agonistes naturels (22(R)-HC et 24(S),25-EC), augmentent la synthèse du cholestérol dans la lignée d'hépatome HepG2, probablement en induisant une régulation compensatoire à l'efflux du cholestérol (Aravindhan et al. 2006).

Par conséquent une interprétation sur le rôle de LXR dans la synthèse du cholestérol est difficile, bien qu'il soit en général admis que l'effet des ligands de LXR sur cette synthèse joue un rôle mineur dans l'homéostasie cellulaire du cholestérol.

2.2.5. Lipogenèse

En plus de son effet sur le métabolisme du cholestérol, un rôle fondamental de LXRα (et pas LXRβ) dans l'activation de la lipogenèse hépatique a été montré (Joseph et al. 2002). Initialement, une étude a montré que le T0901317 augmente nettement la contenu hépatique en triglycérides ainsi que leur concentration plasmatique provoquant une stéatose hépatique sévère et une hypertriglycéridémie chez les souris wild-type et pas les souris LXR$^{-/-}$ (Schultz et al. 2000). En effet LXR induit l'expression des facteurs de transcription SREBP-1c et ChREBP (carbohydrate response-element binding protein) responsables de l'activation des gènes impliqués dans la lipogenèse comme la « fatty acid synthase » (FAS), la « stearoyl-CoA desaturase-1 » (SCD-1), et la « acetyl CoA carboxylase » (ACC). Ces enzymes peuvent également être directement activées par les agonistes synthétiques de LXR d'une façon indépendante de SREBP-1c (Joseph et al. 2002; Wang *et al.* 2004; Talukdar and Hillgartner 2006). Cet effet hypertriglycéridémiant limite l'utilisation des agonistes synthétiques de LXR comme agents thérapeutiques.

La raison pour laquelle un sensor du cholestérol est capable d'activer la biosynthèse hépatique des acides gras n'est pas totalement claire, d'autant que cet effet n'est pas observé dans d'autres tissus exprimant LXR. La possible explication de ce phénomène serait que l'activation hépatique de la lipogenèse interviendrait pour :

- La production des acides gras nécessaires à la conversion de l'excès toxique du cholestérol libre en cholestérol – esters,
- La production des phospholipides nécessaires à la formation des HDL afin de maintenir un taux approprié du cholestérol dans les cellules.

Il est toutefois intéressant de noter que les agonistes synthétiques de LXR induisent la lipogenèse d'une manière beaucoup plus puissante que les oxystérols, dont certains sont même capable d'inhiber la maturation du précurseur inactif SREBP-1 qui réside dans le réticulum endoplasmique, limitant ainsi l'effet de la voie de lipogenèse médiée par le facteur SREBP-1c (Radhakrishnan *et al.* 2007).

2.3. Rôle de LXR dans diverses pathologies

2.3.1. LXR et athérosclérose

Comme nous l'avons décrit ci-dessus, LXRs fonctionnent en tant que « sensors » du cholestérol afin de réguler son homéostasie, en induisant le processus du transport inverse du cholestérol. De plus, l'expression abondante de LXRα chez les cellules macrophagiques présentes dans les lésions d'athérosclérose humaines favorise l'hypothèse d'un rôle bénéfique des agonistes de LXRα contre le développement de cette pathologie (Watanabe et al. 2005). Cette hypothèse a été confirmée dans plusieurs études sur des modèles murins d'athérosclérose, dont les principaux modèles utilisés sont les souris ApoE$^{-/-}$ et LDLR$^{-/-}$ (LDL Receptor). En effet il a été montré que l'agoniste non stéroïdien GW3965 inhibe la formation des lésions d'athérosclérose d'environ 50 % chez ces 2 modèles de souris soumises à un régime alimentaire riche en cholestérol (Joseph et al. 2002). Il a également été montré que l'agoniste T0901317 exerce un effet athéroprotecteur plus important que le GW3965 chez les souris LDLR$^{-/-}$, en inhibant de 71 % la formation des lésions et en bloquant le développement des lésions déjà existantes (Terasaka et al. 2003; Levin et al. 2005). Dans ces études, les auteurs montrent que les agonistes de LXR stimulent l'expression des transporteurs ABCA1 et ABCG1 dans les lésions d'athérosclérose (modèle ApoE$^{-/-}$ et modèle LDLR$^{-/-}$). Des expériences ultérieures se basant sur la transplantation de la moelle osseuse avec des cellules souches hématopoïétiques déficientes en LXRα/β fournissent des preuves supplémentaires quant au rôle protecteur des récepteurs LXRs macrophagiques sur le développement de l'athérosclérose (Tangirala *et al.* 2002).

2.3.2. *LXR et inflammation*

Un autre mécanisme qui pourrait potentiellement contribuer à l'action anti-athérogène des agonistes de LXR est leur effet inhibiteur sur la production macrophagique des cytokines favorisant l'inflammation. En effet il a été montré que les agonistes GW3965 et T0901317 inhibent la production de l'oxyde nitrique synthase (NOS) inductible, de la cyclooxygénase-2 (COX-2) et de l'interleukine-6 (IL-6) dans les macrophages stimulés par le lipopolysaccharide (Joseph *et al.* 2003). Cette inhibition dépend à la fois LXRα et LXRβ et est médiée par l'inhibition de la signalisation du facteur nucléaire-κB (NF-κB). Plusieurs études ont discuté le rôle anti-inflammatoire qu'exerce LXR dans diverses pathologies autre que l'athérosclérose, comme la maladie d'Alzheimer (Morales *et al.* 2008; Sironi *et al.* 2008), l'inflammation pulmonaire (Birrell *et al.* 2007; Crisafulli *et al.* 2010) et la polyarthrite rhumatoïde (Park *et al.* 2010). Dans ces différentes pathologies les études ont montré que les agonistes de LXR agissent au niveau transcriptionnel pour inhiber l'expression des gènes de diverses cytokines pro-inflammatoires. Cette inhibition se produit suite à une SUMOylation de LXR, qui est un processus de modification post-traductionnelle permettant à LXR de former des complexes avec des co-répresseurs capables d'interagir avec le facteur de transcription NF-κB lui empêchant ainsi de se fixer sur le promoteur de ses gènes cibles pro-inflammatoires, aboutissant à un échec de la transcription (Lee *et al.* 2009).

Partie Bibliographique

2.3.3. LXR et diabète

LXR régule l'homéostasie du glucose en inhibant les gènes participant à la néoglucogenèse, notamment ceux codant pour des enzymes telles que la phosphoénolpyruvate carboxykinase (PEPK), la fructose-1,6-biphosphatase (F1-6B) et la glucose-6-phosphatase (G6P). De plus, les agonistes de LXR stimulent dans le tissu adipeux l'expression du gène codant pour la GLUT-4, qui est un transporteur insulinodépendant du glucose, ce qui aboutit à une absorption et une utilisation plus importante du glucose (Laffitte *et al.* 2003).

Plusieurs études ont montré que les agonistes de LXR réduisent la concentration plasmatique du glucose et augmentent la sensibilité à l'insuline dans différents modèles animaux de diabètes et d'insulinorésistance, en inhibant les enzymes de la néoglucogenèse, et surtout en augmentant la sensibilité à l'insuline (Cao *et al.* 2003; Laffitte et al. 2003; Grefhorst *et al.* 2005; Commerford *et al.* 2007).

Le mécanisme exact par lequel les agonistes de LXR agissent pour inhiber les enzymes de la néoglucogenèse reste inconnu. Cependant, certaines de ces études proposent que ce mécanisme puisse être médié par la suppression de la voie des glucocorticoïdes, en bloquant le récepteur aux glucocorticoïdes dans le foie et empêchant ainsi la synthèse du glucose (Stulnig *et al.* 2002; Liu *et al.* 2006).

2.3.4. LXR et cancer

Au cours des dernières années, des effets anti-prolifératifs des agonistes de LXR ont été observés *in vitro* et *in vivo* dans différents types de cancers tels que le cancer de la prostate (Fukuchi *et al.* 2004;

Chuu et al. 2006; Pommier et al. 2010), le cancer de l'ovaire (Rough et al. 2010; Scoles et al. 2010), le cancer du colon (Sasso et al. 2013), et le cancer du sein (Vedin et al. 2009; Chuu and Lin 2010). Ces études ont montré que les agonistes de LXR inhibent la prolifération des cellules cancéreuses en induisant un arrêt du cycle cellulaire dans la phase G_0/G_1. Cela est dû à la surexpression des protéines régulatrices p21 et p27 impliquées dans l'inhibition des complexes CDK (cycline kinases-dépendantes) nécessaires à la progression du cycle cellulaire, ou à l'inhibition de la voie de survie médiée par la protéine kinase AKT. Certaines de ces études ont également révélé que des effets pro-apoptotiques sont associés aux effets anti-prolifératifs, notamment en induisant l'expression des gènes apoptotiques comme la caspase-3, p53 et BAX (B-cell lymphoma associated X protein).

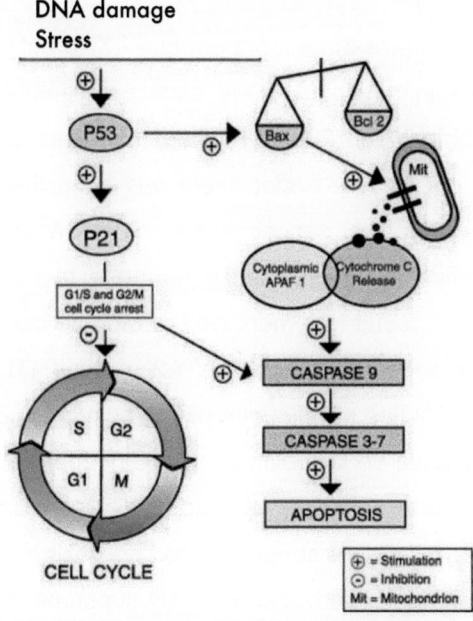

Figure 6. Schéma de l'apoptose initiée par p53 (Gillham et al. 2007)

Des études épidémiologiques ont révélé qu'une hypercholestérolémie peut favoriser le risque de développement de certains cancers comme le cancer de la prostate (Bravi et al. 2006; Magura et al. 2008), alors qu'un traitement avec les statines, inhibant la biosynthèse *de novo* du cholestérol, est associé à une diminution de ce risque (Shannon et al. 2005; Platz et al. 2006). Une relation entre l'inhibition de la croissance tumorale et l'effet de LXR sur le métabolisme du cholestérol a récemment été montrée dans le cancer de la prostate (Pommier et al. 2010), mais en revanche il n'y a pas eu d'autres études qui ont été menées dans d'autres types de cancer, notamment le cancer du sein, pour prouver cette relation.

2.4. LXR, cholestérol et cancer du sein

Des résultats intéressants montrent que LXRα est exprimé dans le tissu mammaire sain ainsi que dans plusieurs lignées de carcinome mammaire (Vigushin et al. 2004). Plusieurs équipes de recherche se sont intéressées par la suite l'effet direct des agonistes de LXR sur la prolifération des cellules du cancer du sein. L'activation de LXR inhibe d'une façon significative la croissance tumorale mammaire dans des modèles *in vitro*, elle réduit fortement l'expression de certaines protéines clés du cycle cellulaire (Skp2, cycline A2, cycline D1) et augmente l'expression de la protéine apoptotique p53 (Vedin et al. 2009; Chuu and Lin 2010). Cette baisse de la prolifération est indépendante de l'effet de LXR sur la biosynthèse lipidique, puisque l'inhibition d'un facteur clé de la lipogenèse (SREBP-1c) ne supprime pas l'effet sur la prolifération. De plus, il a été montré que l'activation de LXR supprime la prolifération *in vivo* en inhibant la production des œstrogènes, connus pour promouvoir

Partie Bibliographique

la croissance des cancers mammaires (Gong *et al.* 2007). D'une manière intéressante, il a été montré que la baisse de la prolifération observée est plus prononcée dans des lignées cancéreuses mammaires exprimant le récepteur aux œstrogènes (ER-positives) (MCF-7 ; T47D) que dans des lignées ER-négatives (MDA-MB-231 ; SK-BR3), suggérant que ce récepteur, connu pour être surexprimé dans certains types de cancers mammaires, peut être régulé pour favoriser l'effet anti-prolifératif de LXR (Vedin et al. 2009).

Comme nous l'avons décrit ci-dessus, une relation a été montrée dans le cancer de la prostate entre l'effet anti-prolifératif des agonistes de LXR et l'efflux membranaire du cholestérol. En effet, les études concernées montrent que le T0901317 ralentit la croissance et induit l'apoptose dans une lignée cellulaire du cancer de la prostate (LNCaP) *in vitro* ou transplantée chez des souris nude, et ceci en induisant l'expression du transporteur ABCA1 et en agissant sur la signalisation des régions membranaire riches en lipides i.e. « lipid rafts » (Fukuchi *et al.* 2004; Pommier et al. 2010). Les régions « lipid-rafts », riches en lipides et notamment en cholestérol, sont connues comme étant bien développées dans les cellules cancéreuses en général, et jouent un rôle important dans la signalisation de survie des cellules cancéreuses mammaires en particulier (Brown 2006; Irwin *et al.* 2011). De plus, il a été montré que l'altération dans la composition des « lipid-rafts » entraine une induction du processus apoptotique (Haimovitz-Friedman *et al.* 1994; von Haefen *et al.* 2002). Cependant, peu d'études se sont intéressées à l'effet de l'activation de LXR sur ces régions et notamment sur l'efflux membranaire du cholestérol dans le cancer du sein.

La relation entre le taux anormal du cholestérol dans le plasma et l'incidence du cancer du sein est restée pendant longtemps un sujet de controverse, puisque les différentes études épidémiologiques qui ont été menées n'ont pas donné une idée assez claire pour répondre à cette question. Il est toutefois intéressant de noter que des études récentes ont signalé une relation négative entre le taux du cholestérol total dans le sérum et l'incidence du cancer du sein (Ha *et al.* 2009; Strohmaier *et al.* 2013). Certaines études montrent que des femmes ménopausées avec un surpoids et un taux bas du HDL-cholestérol présentent un risque augmenté de développer un cancer du sein (Furberg *et al.* 2007). Aussi, une autre étude menée en Corée du Sud montre que des taux élevés du HDL-cholestérol sont associés à un risque réduit d'apparition du cancer du sein chez les femmes pré-ménopausées (Kim *et al.* 2009). D'autre part, la consommation alimentaire globalement riche en lipides a été montrée comme un facteur augmentant l'incidence du cancer du sein (Ronco *et al.* 2010; Hu *et al.* 2012). Des études réalisées *in vivo* ont également indiqué que l'augmentation du taux plasmatique de cholestérol chez des souris soumises à un régime riche en cholestérol est associée à une accélération du développement et de la croissance des tumeurs mammaires (Llaverias *et al.* 2011; Alikhani *et al.* 2013). D'autre part, il a été montré récemment que la privation du cholestérol par la méthyl-beta-cyclodextrine dans les micro-domaines membranaires « lipid-rafts » chez les cellules cancéreuses mammaires MCF-7 conduit à une inhibition de la signalisation de la survie cellulaire et une activation de la voie pro-apoptotique (Tiwary *et al.* 2011).

Ces différentes études attirent l'attention sur le rôle potentiel que peut jouer le cholestérol dans le cancer du sein, avec à la fois des arguments de nature épidémiologique et des mécanismes cellulaires probables.

3. Acides linoléiques conjugués et cancer du sein

3.1. Acides gras alimentaires et cancer

Les facteurs alimentaires et/ou leurs métabolites peuvent jouer un rôle à chacune des étapes de la cancérogenèse mammaire en agissant sur diverses cibles biologiques par différents mécanismes. Les acides gras (AG) alimentaires consommés exercent un effet pendant la phase de promotion tumorale en jouant un rôle dans la signalisation de la mort ou de la survie cellulaire. Les différentes expérimentations animales ainsi que des études épidémiologiques montrent qu'une activité qui favorise le développement tumoral est attribuée à une alimentation riche en AG oméga-6 (n-6) alors qu'une activité protectrice est associée à des régimes riches en AG oméga-3 (n-3), qu'on trouve d'une façon abondante dans les poissons et les fruits de mer. D'autres études ont souligné le rôle essentiel que peuvent jouer les isomères conjugués de l'acide linoléique (CLA) dans le cancer du sein, et que nous développons plus loin (voir partie 3.4.).

Dans les expérimentations animales, les AG n-3 sont apportés le plus souvent dans le régime sous forme d'une supplémentation en huiles de poisson. Dans la plupart des systèmes expérimentaux utilisés, les huiles de poisson ont eu un effet inhibiteur sur plusieurs paramètres du développement tumoral : diminution du taux d'incidence, du nombre de tumeurs, allongement du délai d'apparition, et réduction de la masse tumorale et aussi de leurs métastases. En effet, plusieurs études *in vitro* et des études réalisées chez des animaux porteurs de tumeurs et supplémentés avec un régime alimentaire riche en AG polyinsaturés (AGPI) n-3 longue chaîne, en particulier l'acide eicosapentaénoïque (EPA) et l'acide docosahexaénoïque (DHA), ont mis en évidence un ralentissement de la croissance tumorale, lié à une augmentation de l'apoptose (Chamras *et al.* 2002; Serini *et al.* 2009; Blanckaert *et al.* 2010; Corsetto *et al.* 2011). Les mécanismes impliqués pourraient être liés aux conséquences de la péroxydation lipidique, ou à leur action modulatrice sur la transcription de nombreux oncogènes (Bcl-2...), contrôlant ainsi la prolifération des cellules cancéreuses par l'inhibition par exemple de certaines voies de survie comme celle de la phosphatidylinositol-3-kinase (PI-3K) et la voie des MAP kinases (Sun *et al.* 2011). Aussi, des études ont souligné la capacité des AGPI n-3 à influencer l'angiogenèse et la vascularisation des tumeurs, et contribuer ainsi au contrôle du développement tumoral (Rose and Connolly 2000).

D'autre part, Les AGPI n-6 sont susceptibles d'induire des processus inflammatoires par la voie métabolique des cyclooxygénases dont le substrat est l'acide arachidonique, synthétisé dans l'organisme à partir de l'acide linoléique. A l'inverse, les AGPI n-3 à longue chaîne joueraient le rôle de compétiteur de l'acide arachidonique pour la cyclooxygénase de type 2 (COX-2), inhibant ainsi le processus d'inflammation. Par ailleurs, il a été montré que les AGPI n-3 longue chaîne inhibent la transcription de gènes impliqués dans la production de cytokines proinflammatoires (De Caterina and Massaro 2005). En outre, des études réalisées chez l'Homme montrent l'interaction des AGPI oméga-3 longue chaîne avec les voies métaboliques de l'inflammation (Hall *et al.* 2007; Hedelin *et al.* 2007). Certaines études épidémiologiques ne suggèrent pas d'augmentation de risque de cancer liée aux apports d'acides gras oméga-6, sauf dans le cas d'apport insuffisant d'AG n-3 (Gerber *et al.* 2005). Dans le cas du cancer du sein, une étude cas-témoin réalisée aux Etats-Unis a montré que les AGPI n-6 sont associés à un risque élevé de cancer du sein, et qu'à l'inverse les AGPI n-3 peuvent avoir un effet protecteur (Bagga *et al.* 2002). Aussi, une plus récente étude de cohorte réalisée en Chine montre que les femmes ayant un faible apport en AGPI n-3 et une plus forte consommation en AGPI n-6, ont un risque plus élevée de développer un cancer du sein que les femmes avec une plus grande consommation d'AGPI n-3 et faible consommation d'AGPI n-6 (Murff *et al.* 2011).

L'alimentation lipidique pourrait contribuer à la mise en place de l'obésité, qui est un facteur de risque pour de nombreux cancers et qui est associée à diverses modifications hormonales chez l'Homme. Des études *in vitro* et *in vivo* chez l'animal (Renehan *et al.* 2006), et sur des tumeurs mammaires humaines (Jarde *et al.* 2008), suggèrent que des dérégulations hormonales liées à l'obésité favorisent le processus de cancérogenèse et notamment la prolifération des cellules.

D'autres types d'études que nous ne développons pas ici, montrent également l'interaction de certains facteurs nutritionnels avec des fonctions propres à l'individu (polymorphismes génétiques, microbiote colique, statut ménopausique) ou avec l'exposition à des facteurs cancérogènes (tabac).

Partie Bibliographique

3.2. Acides linoléiques conjugués (CLA)

3.2.1. *Généralités : Définition, isomères, structure*

Les isomères conjugués de l'acide linoléique, communément appelés acides linoléiques conjugués ou CLA (pour « conjugated linoleic acids »), font référence à un groupe d'acides gras polyinsaturés existant sous forme d'isomères de l'acide octadécadiénoïque (18 carbones et 2 doubles liaisons, C18 :2) et se distinguant par le positionnement et la géométrie de leurs 2 doubles liaisons sur la chaîne carbonée. Les 2 doubles liaisons « conjugués », séparées par une seule simple liaison et non pas un groupe méthylène comme dans le cas de l'acide linoléique [C18:2 (9,12)], sont présentes en configuration cis (c) ou trans (t).

Les CLA ont été découverts au milieu des années 80 par le groupe du Dr. Michael Pariza à l'université de Wisconsin en étudiant les propriétés biologiques d'un composé dans la viande grillée du bœuf sur la cancérogenèse au niveau de la peau des souris (Pariza and Hargraves 1985; Ha *et al.* 1987). Par la suite, les CLA ont été identifiés comme des composés présents dans les fractions lipidiques de la viande et des produits laitiers provenant des ruminants où ils sont naturellement produits comme des produits intermédiaires de la biohydrogénation de l'acide linoléique en acide stéarique par la bactérie *Butyrinvibrio fibrisolvens* présente dans le rumen (Kepler et al. 1966). L'isomère majoritairement produit, le cis9, trans11-CLA, peut également être synthétisé au niveau des tissus chez les rongeurs, l'homme et les ruminants à partir de l'acide vaccénique (trans11 - C18 :1) suite à une désaturation par l'enzyme Δ9 stéaroyl-CoA désaturase (Griinari et al. 2000; Santora et al. 2000; Turpeinen et al. 2002).

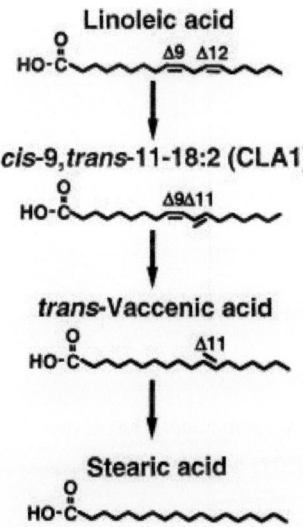

Figure 7. Biohydrogénation de l'acide linoléique en acide stéarique par Butyrinvibrio fibrisolvens (Ogawa et al. 2005)

Il existe 28 isomères CLA qui ont été découverts dont le cis9, trans11 (c9,t11-CLA), appelé aussi « acide ruménique » qui représente à lui seul plus de 80 % des CLA présents dans les aliments, et l'isomère trans10, cis12 (t10,c12-CLA) qui représente moins de 10 %. D'autres isomères plus minoritaires existent comme le c9,c11-CLA, le t9,t11-CLA, le c10,c12-CLA, le t10,t12-CLA, le t11,t13-CLA, et le c11,c13-CLA. La plupart des études ont utilisé un mélange où les isomères c9,t11-CLA et t10,c12-CLA ont été les plus abondants. La purification et la commercialisation des différents isomères ont permis d'étudier leurs effets biologiques séparés sur la santé humaine.

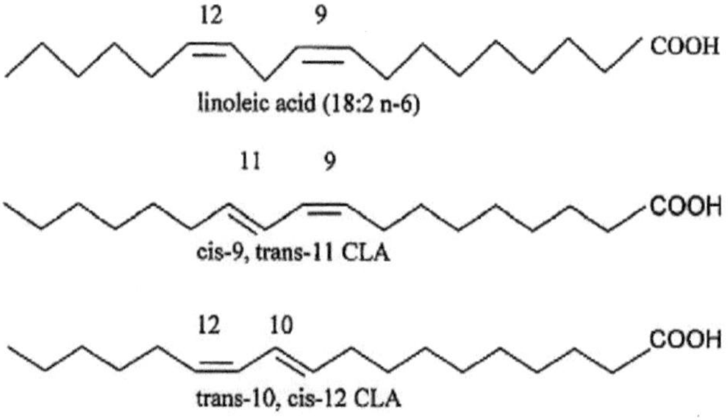

Figure 8. *Structure de l'acide linoléique et des deux isomères CLA majoritaires (c9,t11 et t10,c12) (Mooney et al. 2012)*

3.2.2. CLA dans les aliments

Le tableau I ci-dessous présente les teneurs en CLA de quelques aliments couramment consommés par l'homme. La source alimentaire naturelle la plus riche en CLA est la matière grasse des produits laitiers, où l'isomère majoritairement représenté est le c9,t11-CLA (Parodi 1997). La plupart des produits laitiers contiennent entre 3,5 et 6 milligrammes de CLA par gramme de matière grasse.

La deuxième source des CLA est la viande de ruminants qui en contient au moins trois fois plus que la viande des non ruminants (Ip *et al.* 1991). Cependant il faut souligner que le contenu en CLA dans les aliments est variable en fonction de la saison et de ce que consomment les ruminants, ainsi que de leur race et leur âge (Dhiman *et al.* 2005). D'autre part, comme nous l'avons mentionné dans la partie précédente, il existe chez l'homme une synthèse endogène du c9,t11-CLA à partir de l'acide trans-vaccénique (t11-C18:1), qui complète les apports exogènes (alimentaires) de CLA (Turpeinen et al. 2002). Cependant, au contraire des ruminants, la production des CLA chez l'homme à partir de l'acide linoléique n'existe pas. En effet, une étude a montré qu'une supplémentation pendant 6 semaines de 16 g / jour d'acide linoléique à partir de l'huile de carthame ne fait pas varier la concentration plasmatique en CLA (Herbel et al. 1998). La quantité des CLA dans le tissu adipeux chez l'homme est directement liée à la matière grasse des produits laitiers consommés.

Il est estimé que la consommation quotidienne des CLA chez l'homme dans la plupart des pays est en moyenne 200 mg (Ritzenthaler et al. 2001), et les concentrations dans le sérum sont entre 10 et 70 µmol / L (Mougios et al. 2001; Petridou et al. 2003).

Aliment	% de CLA*/MG*	% de c9t11-CLA /CLA*
Lait de vache	0,55	82
Lait concentré	0,7	82
Yaourt	0,17 – 0,48	82
Fromage	0,29 – 0,71	80 – 95
Crème	0,38	88
Beurre	0,47	88
Glace	0,36	86
Ghee	2,5 – 2,8	nd
Bœuf	0,29 – 0,43	85
Agneau	0,56	92
Veau	0,27	84
Porc	0,06	82
Poulet	0,09	84
Dindon	0,25	76
Œuf	0,06	82
	0,05	
Fruits de mer	0,05	nd
Poisson	0,01 – 0,07	nd

Tableau 1. Concentration en CLA et proportion d'isomère c9,t11-CLA dans la matière grasse (*MG) de divers aliments.

3.3. Effets des CLA sur la santé / Rôle dans diverses pathologies

Alors que des effets bénéfiques ont été attribués pour des isomères CLA dans plusieurs pathologies comme le cancer, l'obésité et les maladies cardiovasculaires, d'autres effets délétères ont été également décrits pour d'autres isomères dans certains cas comme le diabète. Nous décrivons dans cette partie les principaux résultats obtenus par différentes études sur les CLA.

3.3.1. CLA et obésité

Les recherches faites sur les CLA ont montré qu'ils ont des effets protecteurs et bénéfiques contre l'obésité. Des études sur des modèles d'animaux obèses ainsi que certaines études chez l'homme, ont montré qu'ils sont capables de réduire l'accumulation de la graisse dans les tissus, ou l'adiposité. Park et ses collègues ont été les premiers à montrer qu'une supplémentation de 0,5 % d'un mix CLA (c9,t11-CLA et t10,c12-CLA) diminue fortement la masse grasse chez les souris (Park *et al.* 1997). Aussi, il a été montré qu'une supplémentation nutritionnelle de 1- 1,5 % d'un mix CLA pendant 3 à 4 semaines fait baisser le poids corporel et la masse du tissu adipeux blanc chez les souris C57BL/6J (Poirier *et al.* 2005), ainsi que dans les modèles de souris obèses (House *et al.* 2005; Wendel *et al.* 2008). Ces différentes études montrent que l'isomère t10,c12-CLA est plus efficace contre l'adipogenèse que le c9,t11-CLA.

D'autre part, les études réalisées chez l'homme donnent des résultats controversés. Par exemple, alors qu'une étude montre qu'une supplémentation de 3 - 4 g par jour d'un mix CLA chez des sujets obèses ou ayant un surpoids fait baisser leur masse grasse et augmenter leur masse maigre (Gaullier *et al.* 2007), une autre étude ne montre aucun effet d'une telle supplémentation (Nazare *et al.* 2007). Ces résultats contradictoires trouvés peuvent s'expliquer par une différence dans la nature des isomères CLA utilisés, la dose et la durée du traitement, et par le statut des individus concernés (sexe, poids, âge, état métabolique...).

La majeure différence entre les études faites chez les souris et celles chez l'homme est la dose de CLA administrée par rapport au poids corporel. En se basant sur ces études, on constate que l'homme reçoit environ 0,05 g CLA / kg, alors que la souris reçoit 1,07 g / kg, ce qui correspond à une dose 20 fois supérieure à la dose administrée chez l'homme par rapport à son poids. Même s'il est impossible d'utiliser les doses optimales équivalentes à celles utilisées chez l'animal, une supplémentation avec des doses plus élevées chez l'homme semble nécessaire. En effet, des compléments alimentaires de CLA (mix c9,t11 et t10,c12) pour favoriser la perte du poids sont commercialisés aujourd'hui sous formes de capsules.

Les mécanismes potentiels responsables des propriétés anti-obésité des CLA comprennent : 1) la diminution de l'apport énergétique en diminuant l'appétit, 2) l'augmentation de la dépense énergétique dans le tissu adipeux blanc, dans les muscles et dans le foie, 3) l'inhibition de la lipogenèse et l'adipogenèse, 4) l'augmentation de la lipolyse, et 5) l'induction de l'apoptose des adipocytes (West *et al.* 1998; Evans *et al.* 2000; Miner *et al.* 2001; Ohnuki *et al.* 2001; Kang *et al.* 2003).

3.3.2. CLA et maladies cardiovasculaires

Plusieurs études ont souligné les effets anti-athéromateux des CLA. Initialement, il a été découvert qu'un supplément alimentaire de 0,05 % chez les lapins empêche la formation des dépôts graisseux dans les artères (Kritchevsky et al. 2000) et qu'une dose 20 fois plus élevée de CLA entraîne une régression de 30 % des lésions d'athérome préexistantes (Kritchevsky et al. 2004). Des études ultérieures sur des modèles animaux d'athérosclérose comme les souris ApoE$^{-/-}$ ont également démontré la régression induite par les CLA des lésions d'athérome préexistantes (Toomey et al. 2006). Certaines de ces études ont révélé que le traitement s'accompagne d'une diminution des concentrations sériques en cholestérol total, en LDL-cholestérol et en triglycérides. Il semble d'après les différents résultats obtenus que l'isomère c9,t11-CLA est le plus efficace pour empêcher le développement de l'athérosclérose. Une étude réalisée chez l'homme montre que les concentrations plasmatiques en triglycérides et en VLDL-cholestérol, ont également diminué chez 51 patients soumis à une supplémentation en CLA de 3 g pendant 8 semaines (Noone et al. 2002).

Plusieurs mécanismes ont été évoqués pour expliquer l'effet anti-athéromateux des CLA. Il a été montré chez les hamsters que les CLA inhibent l'expression de l'acylCoA:cholestérol acyltransférase (ACAT) intestinale, impliquée dans l'estérification du cholestérol au niveau intestinal et hépatique (Thomas Yeung et al. 2000). Par ailleurs, les isomères c9,t11-CLA et t10,c12-CLA, utilisés individuellement ou conjointement, inhibent l'agrégation plaquettaire induite par l'acide arachidonique et le collagène, en limitant la synthèse du thromboxane A2 (TxA2) (facteur pro-agrégant), par blocage de la TxA2 synthétase (Truitt et al. 1999). Cette propriété anti-agrégante limite la formation de thrombus sur les parois vasculaires. De ce fait, en plus d'une action sur

Partie Bibliographique

la formation de l'athérome, les CLA pourraient avoir un intérêt dans la prévention de la thrombose qui représente le facteur déclenchant de l'accident cardiovasculaire.

3.3.3. CLA et réponse immunitaire

Plusieurs études ont montré que les CLA stimulent les fonctions immunitaires participant aux réactions de défense contre les agents pathogènes et les tumeurs. Ces études signalent notamment que les CLA stimulent la prolifération et l'activité cytotoxique des lymphocytes, et amplifient les activités phagocytaires des macrophages chez les porcs, les souris et les rats (Cook *et al.* 1993; Bassaganya-Riera *et al.* 2001). De plus, il a été montré que lors d'une supplémentation alimentaire en CLA, la production d'immunoglobulines A, G et M est augmentée chez ces mêmes espèces (Yamasaki *et al.* 2000; Kim and Chung 2003). Les deux isomères t10,c12-CLA et c9,t11-CLA sont impliqués dans ces différents processus : le t10,c12-CLA stimule la synthèse d'immunoglobulines par les lymphocytes B, particulièrement celles de classes A et M, alors que le c9,t11-CLA active les lymphocytes T (Yamasaki *et al.* 2003). D'autre part, une étude chez l'homme a démontré qu'une supplémentation riche en t10,c12-CLA, permet d'augmenter l'efficacité de la vaccination contre l'hépatite B (Albers *et al.* 2003).

L'action immunomodulatrice des CLA pourrait aussi avoir des applications dans le traitement des maladies auto-immunes. En effet, il a été montré que les CLA administrés par voie orale ou en application locale, sont capables de limiter les processus allergiques de type I, en réduisant de manière dose-dépendante la production d'éïcoisanoïdes (prostaglandines et leucotriènes) et d'histamine. (Sugano *et al.* 1998).

3.3.4. CLA, insulinorésistance et diabète

La capacité des CLA à moduler la sensibilité à l'insuline est longtemps restée un sujet de controverse. Les différentes études réalisées chez l'animal et chez l'homme suggèrent que les effets des CLA sur la sensibilité à l'insuline et le métabolisme glucidique sont variables et dépendent de l'isomère utilisé. Chez l'animal, plusieurs études ont montré que l'isomère t10,c12-CLA provoque une augmentation de l'insulinémie et/ou une insulinorésistance (DeLany *et al.* 1999; Tsuboyama-Kasaoka *et al.* 2000; Clement *et al.* 2002; Roche *et al.* 2002; Poirier *et al.* 2006). Ces études montrent que l'effet du t10,c12-CLA est associé à une atrophie du tissu adipeux compensée par une hypertrophie hépatique, ainsi qu'à des réductions de la concentration de la leptine plasmatique responsable de modifier la sensibilité à l'insuline (Kamohara *et al.* 1997). Toutefois, d'autres études observent l'effet contraire pour l'isomère c9,t11-CLA qui a montré des effets bénéfiques dans des modèles *in vivo* de diabète (Moloney *et al.* 2007; Qin *et al.* 2009). Chez l'homme une étude montre que l'administration de 3.4g/jour d'isomère t10,c12-CLA pendant 12 semaines chez des sujets obèses atteints de syndrome métabolique, induit une résistance à l'insuline qui s'accompagne d'une augmentation du ratio proinsuline/insuline (Riserus *et al.* 2004). Les auteurs ont expliqué l'effet de cet isomère CLA par une augmentation de la péroxydation lipidique conduisant à un stress oxydant qui altère la signalisation insulinique. En conclusion, et d'après ces différentes études, des effets secondaires jouant sur l'augmentation de l'insulinorésistance seraient attribués pour l'isomère t10,c12-CLA.

3.3.5. CLA et cancérogenèse

L'intérêt pour les CLA a commencé quand en 1987 Ha et ses collègues ont démontré qu'un apport de CLA est capable d'inhiber l'initiation de tumeurs épidermiques chimio-induites chez la souris, en application locale (Ha et al. 1987). Puis en 1990, les mêmes chercheurs ont mis en évidence l'action des CLA par voie alimentaire sur des tumeurs chimio-induites de l'estomac chez la souris (Ha *et al.* 1990). Des dizaines d'études sont apparues par la suite prouvant l'efficacité des CLA contre les tumeurs dans plusieurs modèles *in vivo* mais aussi dans différents types de lignées cancéreuses humaines *in vitro*, comme le mélanome malin, le cancer colorectal, le cancer du sein, l'adénocarcinome pulmonaire, la leucémie, le cancer de la prostate, l'hépatome, le glioblastome, et le cancer des ovaires (Schonberg and Krokan 1995; Parodi 1999; Choi *et al.* 2002). Les résultats obtenus en testant les différents isomères suggèrent qu'ils agissent par des mécanismes différents et ont des activités biologiques différentes (Chujo *et al.* 2003), d'où la nécessité de les tester d'une façon individuelle. Cependant il s'avère que la plupart des études *in vivo* ont utilisé des mélanges d'isomères dans l'apport nutritionnel contenant les 2 isomères majoritairement trouvés dans les aliments (c9,t11-CLA et t10,c12-CLA), alors que celles portant sur les isomères minoritaires restent rares. En effet, plusieurs études *in vitro* montrent des effets distincts des différents isomères en fonction du type du cancer. Par exemple, alors qu'une étude montre que l'isomère t10,c12-CLA est plus efficace que le c9,t11-CLA dans des lignées de cancer mammaire (Ou *et al.* 2007), une autre étude montre que le t9,t11-CLA est le plus puissant parmi plusieurs autres isomères testés sur une lignée de cancer du colon (Beppu *et al.* 2006). Aussi, une autre étude sur une lignée humaine du cancer de la

Partie Bibliographique

prostate montre que le c9,t11-CLA exerce un effet anti-prolifératif en agissant sur le métabolisme de l'acide arachidonique, alors que le t10,c12-CLA exerce un effet inhibiteur plus marqué en agissant sur le contrôle du cycle cellulaire et la modulation du processus apoptotique (Ochoa *et al.* 2004).

3.4. CLA et cancer du sein

Durant les 30 dernières années, plusieurs études épidémiologiques se sont intéressées à la relation entre les acides gras dans la matière grasse alimentaire consommée et le risque de développement du cancer du sein. Ces études se focalisaient sur les acides gras oméga-3 qui ont montré un rôle protecteur contre cette pathologie, en particulier l'acide eicosapentaénoïque (EPA) et l'acide docosahexaénoïque (DHA) (Serini et al. 2009). Depuis la découverte et l'identification des acides gras CLA et leur effet sur la cancérogenèse, l'intérêt pour étudier leur rôle sur le cancer du sein est augmenté et leur effet bénéfique sur des modèles *in vitro* et *in vivo* a été mis en évidence. Toutefois les quelques études épidémiologiques qui sont apparues n'ont pas été déterminantes pour prouver cet effet à l'échelle humaine, puisque les résultats obtenus restent controversés pour diverses raisons.

Dans cette partie, nous développons dans un premier temps les principaux résultats obtenus dans les modèles in vitro et in vivo et les potentiels mécanismes d'action mis en jeu. Nous évoquons ensuite les résultats des études épidémiologiques qui ont été menées.

3.4.1. Etudes in vitro

Des études sur les lignées cellulaires MCF-7 (ER+) et MDA-MB-231 (ER-) ainsi que sur d'autres lignées moins utilisées comme la T47D, ont montré un effet inhibiteur sur la croissance tumorale de divers isomères CLA. Certaines de ces études montrent que l'isomère t10,c12-CLA est plus efficace que le c9,t11-CLA pour inhiber la prolifération cellulaire des cellules MCF-7 en induisant l'arrêt du cycle cellulaire et l'activation des gènes apoptotiques p53, p27 et p21 (Majumder et al. 2002; Kemp et al. 2003; Albright et al. 2005). D'une manière intéressante, dans une autre étude sur les lignées MCF-7 et T47D, les auteurs ont comparé l'effet de 5 isomères CLA différents et ont signalé que l'isomère t9,t11-CLA est le plus efficace dans l'inhibition de la croissance tumorale (De la Torre et al. 2005). Aussi, plusieurs équipes ont montré que l'effet inhibiteur des isomères CLA est plus marqué dans la lignée MCF-7 (ER+) que la lignée MDA-MB-231 (ER-), et ont ainsi mis en évidence l'implication de l'inhibition de la voie de signalisation des œstrogènes dans l'effet exercé par les CLA (Durgam and Fernandes 1997; Tanmahasamut et al. 2004; Wang et al. 2008). Il a également été montré qu'un effet pro-apoptotique plus important est observé dans la lignée MCF-7 que la lignée MDA-MB-231, en inhibant notamment les voies de survie des MAP kinases ou de PI3K/AKT, et en déclenchant le processus d'apoptose médié par la mitochondrie (Miglietta et al. 2006; Bocca et al. 2010). D'autres études indiquent que l'effet inhibiteur est lié aux changements dans la distribution de l'acide arachidonique dans les tissus ainsi qu'aux altérations dans le profil des prostaglandines (Miller et al. 2001; Ma et al. 2002). De plus, il a été montré que les isomères c9,t11-CLA et t10,c12-CLA diminuent l'expression génique et protéique du facteur d'angiogenèse VEGF-A (vascular endothelial growth factor-A) dans les cellules MCF-7, avec une plus forte action pour l'isomère t10,c12-CLA (Wang et al. 2005).

Partie Bibliographique

3.4.2. Etudes in vivo

Des études réalisées dans des modèles *in vivo* chez les rongeurs confirment le rôle protecteur observé *in vitro* par les isomères CLA contre le cancer du sein, et soulignent un effet anti-tumoral d'une supplémentation alimentaire avec un mélange du c9,t11-CLA et t10,c12-CLA. Il a été montré que des rates soumises à un régime alimentaire supplémenté avec 0,5 %, 1 %, 1.5 % ou 2 % de CLA, 2 semaines avant l'administration de l'agent carcinogène, voient le taux de CLA dans le tissu adipeux mammaire augmenté entraînant par la suite une baisse importante dans la formation des tumeurs une fois l'agent carcinogène administré. Certaines de ces études montrent que l'action protectrice des CLA entraîne une réduction de la ramification épithéliale de la glande mammaire et une augmentation du nombre de cellules quiescentes, alors que d'autres études montrent une augmentation de la sensibilité des cellules épithéliales à l'apoptose et à l'inhibition de la vascularisation tumorale par inhibition de l'angiogenèse (Thompson *et al.* 1997; Ip *et al.* 2000; Masso-Welch *et al.* 2002; Lavillonniere *et al.* 2003). L'inhibition induite chez les rates par l'isomère c9,t11-CLA est de niveau identique à celle du mélange d'isomères. D'ailleurs, l'isomère c9,t11-CLA résultant de la conversion endogène de l'acide vaccénique (trans-11 18:1) a été également efficace contre l'apparition des tumeurs mammaires (Banni *et al.* 2001; Corl *et al.* 2003; Lock *et al.* 2004). D'autre part, il a été montré que dans un système de tumeurs greffées chez la souris, les deux isomères c9,t11-CLA et t10,c12-CLA inhibent également la croissance tumorale, à la fois sur l'implant primaire et sur les métastases pulmonaires (Visonneau *et al.* 1997; Hubbard *et al.* 2003).

3.4.3. Etudes cliniques

Peu d'études épidémiologiques ont examiné la relation entre l'apport alimentaire en CLA et sa concentration tissulaire avec l'incidence du cancer du sein. Malheureusement, ces études ont donné des résultats beaucoup moins probants que les expériences sur les animaux, puisque les résultats obtenus restent controversés et parfois contradictoires. Par exemple, alors qu'une étude cas-témoin réalisée en Finlande avait mis en évidence un effet protecteur des CLA contenus dans les produits laitiers contre le cancer du sein chez les femmes post-ménopausées (Aro *et al.* 2000), d'autres études pronostiques, réalisées aux Pays-Bas (Voorrips *et al.* 2002), aux Etats-Unis (McCann *et al.* 2004) et en Suède (Larsson *et al.* 2009), n'ont pas trouvé de lien entre l'ingestion de CLA et le développement du cancer du sein. Ces études se sont basées sur des questionnaires et des entretiens avec les patientes permettant l'estimation des apports alimentaires en CLA. Aussi, dans une étude cas-témoins et une étude de cohorte, réalisées par la même équipe en France, les chercheurs ont mesuré le taux de CLA dans un fragment biopsique de tissu adipeux mammaire (en moyenne 0,44 % de l'ensemble des acides gras dans le tissu adipeux), et l'ont utilisé comme un biomarqueur des apports alimentaires en CLA (Chajes *et al.* 2002; Chajes *et al.* 2003). Les auteurs n'ont pas trouvé une association significative entre les CLA du tissu adipeux et le risque de cancer du sein. D'autre part, une faible association négative a été montrée entre la consommation des produits laitiers (riche en CLA) et le risque de cancer du sein dans des études sur les habitudes alimentaires réalisées dans divers pays comme la Chine (Dai *et al.* 2002), le Japon (Hirose *et al.* 2003) et les Etats-Unis (Shannon *et al.* 2003).

Le taux moyen dans le tissu adipeux chez l'homme est à peine plus élevé que celui observé chez un rongeur non supplémenté, et beaucoup plus bas (plus de 10 fois) que le taux présent chez le rongeur recevant une supplémentation de 1 % en CLA. Or si les effets inhibiteurs de la promotion tumorale s'observent dès 0,1 % de CLA dans le régime alimentaire, ils dépendent linéairement de la dose apportée jusqu'à 1 % (en poids) de la diète. Le faible nombre d'études épidémiologiques menées pour étudier l'effet des CLA sur le risque du cancer du sein est en grande partie lié à la difficulté d'obtenir des estimations précises de l'apport alimentaire en CLA. Les épidémiologistes expliquent que le faible taux de CLA disponibles dans l'alimentation humaine ne serait pas suffisant pour qu'un effet bénéfique puisse être observé, et proposent que ces molécules pourraient être actives, mais à des concentrations bien supérieures à celles apportées dans l'alimentation. Pour toutes ces raisons, il semble qu' une modélisation de cancérogenèse mammaire dans une espèce animale de taille intermédiaire entre le rongeur et l'Homme est nécessaire. Dans cette perspective, l'utilisation d'animaux domestiques âgés, connus pour développer spontanément des tumeurs mammaires, pourrait être considérée pour réaliser une intervention nutritionnelle ciblée sur les CLA à doses élevées.

4. Macrophages et Microenvironnement Tumoral

4.1. Le microenvironnement des tumeurs

La cellule cancéreuse interagit avec son voisinage en recevant des signaux sous forme de cytokines et chimiokines, provenant des éléments qui composent l'environnement tumoral. La réponse à ces signaux peut se traduire en régulant la réponse immunitaire, l'homéostasie des voies métaboliques, l'expression génique ainsi que les processus de survie et de mort cellulaire.

4.1.1. Composants du microenvironnement tumoral

L'environnement tumoral est composé de différents types cellulaires : les cellules de la matrice extracellulaire (MEC), les fibroblastes, les cellules endothéliales, et les cellules inflammatoires (macrophages, neutrophiles, mastocytes et leucocytes). Il est connu que des signaux inflammatoires sont retrouvés dans le microenvironnement des tumeurs, et qu'ils sont impliqués dans l'initiation et le développement tumoral dans plusieurs types de cancers (sein, foie, colorectal) (Balkwill et al. 2005). Ces signaux sont caractérisés par une surproduction de chimiokines et de cytokines inflammatoires et une augmentation de l'angiogenèse. Ces processus favorisant le développement et la croissance tumorale sont assurés par les composants et les cellules saines du microenvironnement qui entourent les cellules cancéreuses (Pietras and Ostman 2010). Ainsi, le foyer tumoral est considéré comme un véritable micro-écosystème regroupant des cellules cancéreuses et un tissu environnant (stroma) contenant des cellules immunitaires et des fibroblastes. L'irrigation du foyer tumoral est assurée par des vaisseaux sanguins. La MEC des lames basales et stromas assure une trame de soutien et génère une tension mécanique. La localisation et le comportement des différentes cellules sont régis par des interactions entre les cellules et leur environnement. Ces interactions impliquent des protéines de la MEC, des récepteurs d'adhérence exprimés à la surface cellulaire (intégrines, cadhérines), et des systèmes protéolytiques (MMPs). Tous ces partenaires contribuent ensemble à créer un microenvironnement propice au développement tumoral.

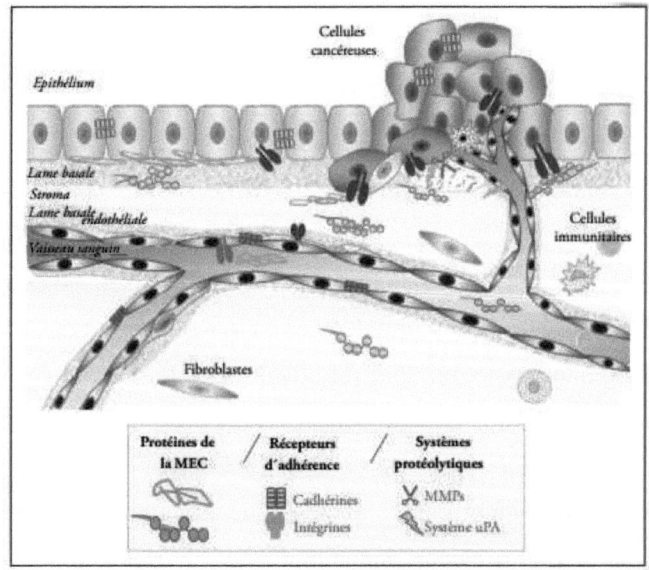

Figure 9. Le foyer tumoral (Leroy-Dudal et al. 2008)

4.1.2. Les macrophages

Les macrophages font partie du système immunitaire inné et sont capables avec d'autres cellules de ce système (les cellules Natural Killer (NK), les neutrophiles, et les cellules dendritiques) de lyser un pathogène ou une cellule étrangère grâce à des molécules solubles ou des récepteurs membranaires qui vont entraîner la lyse de leur cible. Il s'agit de la première ligne de défense de l'organisme avant l'immunité adaptative qui apparaît plus tardivement et comprend les lymphocytes B producteurs d'anticorps et les lymphocytes T. Les macrophages permettent donc de phagocyter les cellules qui ne sont plus considérées comme du « non - soi », comme les cellules cancéreuses, et d'induire une réponse inflammatoire qui permettra de recruter des monocytes et des lymphocytes T (LT).

Actuellement deux types de macrophages sont connus : les macrophages « classiques » de type 1 (M1) caractérisés par une forte capacité à présenter les antigènes et par la production des cytokines pro-inflammatoires (IL-12, IL-23, TNF-α, iNOS), et les macrophages de type 2 dits « alternatifs » (M2) qui eux ont une capacité minime à présenter l'antigène et produisent des cytokines anti-inflammatoires (IL-10, TGFβ).

4.2. Macrophages et cancer

4.2.1. Reconnaissance des cellules tumorales par les macrophages

Les macrophages activés peuvent distinguer entre les cellules tumorigènes et non tumorigènes, ce qui indique que les différences de composition de la membrane cellulaire peuvent être responsables de cette reconnaissance spécifique des cellules tumorales. Certaines études ont montré que la différence dans la quantité de phosphatidylsérine dans le feuillet externe de la membrane des cellules tumorales et des cellules non tumorigènes est l'un des facteurs responsables de la reconnaissance cellulaire spécifique de la tumeur (Utsugi et al. 1991; Elnemr et al. 2000). En outre, certains carbohydrates présents sur les cellules tumorales sont aussi reconnues par les macrophages, ce qui indique que la glycosylation altérée des molécules à la surface des cellules tumorales pourrait être un autre mécanisme de reconnaissance des cellules tumorales par les macrophages (Putz and Mannel 1995; Sakamaki et al. 1995).

4.2.2. Macrophages associés aux tumeurs (TAMs)

Au niveau de la tumeur, les macrophages infiltrant sont considérés originaires d'une population de phénotype M2 fournissant un microenvironnement immunosuppresseur favorisant la croissance de la tumeur. En effet, certaines molécules sécrétées par les cellules cancéreuses (comme le VEGF et le M-CSF), contribuent à l'expansion et l'accumulation des cellules myéloïdes immunosuppressives (MDSCs ; Myeloid-Dervied Suppressor Cells) ainsi que les macrophages associés aux tumeurs (TAMs ; Tumor Associated Macrophages). Les activités immunosuppressives des TAMs accélèrent la croissance tumorale et l'angiogenèse en produisant notamment des facteurs de croissance pro-tumoraux (EGF, IL-6), des facteurs immunosuppresseurs (IL-10, TGFβ), des facteurs angiogéniques (VEGF, PDGF), des chimiokines (CCL17, CCL18, CCL22), des facteurs de dégradation de la MEC et des facteurs de remodelage (MMP), ce qui inhibe la réponse immunitaire anti-tumorale (Huang *et al.* 2006; Solinas *et al.* 2009).

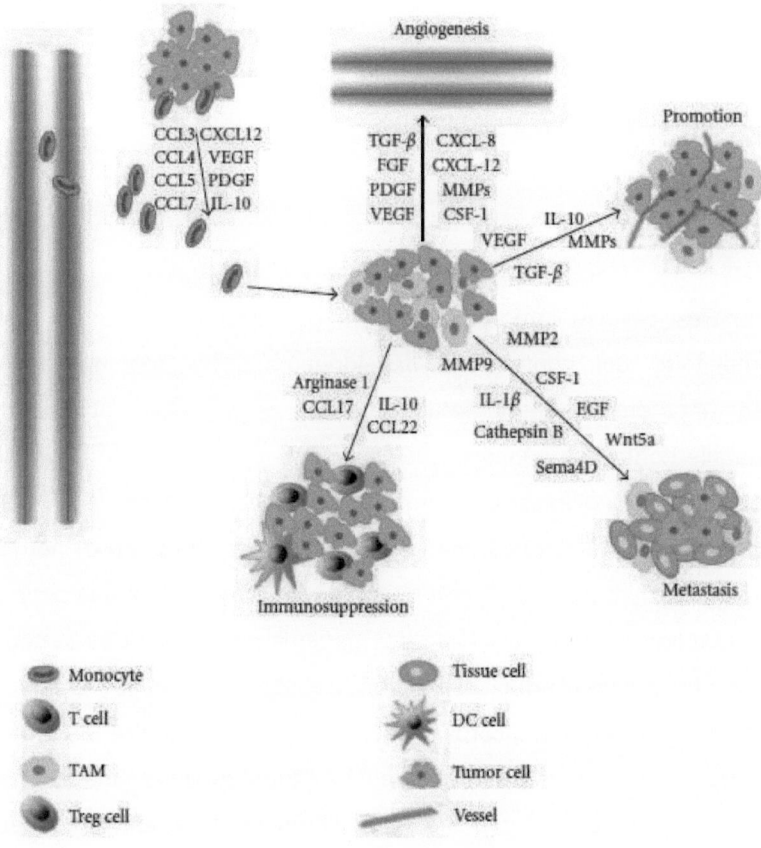

Figure 10. *Rôle des macrophages associés aux tumeurs (TAM) dans la promotion de la croissance tumorale (Hao et al. 2012)*

Partie Bibliographique

Dans le cas du cancer du sein, les TAMs infiltrants sont associés à un mauvais pronostic (Mukhtar *et al.* 2011), à un grade tumoral et vasculaire élevé (Lee *et al.* 1997), ainsi qu'à une diminution de la survie (Campbell *et al.* 2011). Certains traitements contre les TAMs dans des modèles murins de cancer du sein ont montré des résultats prometteurs comme le ciblage du CSF1 (Colony-stimulating factor-1) par un anticorps bloquant (Paulus *et al.* 2006), ou le ciblage de la chimiokine CCL5 en bloquant son récepteur par un antagoniste (Robinson *et al.* 2003).

4.2.3. Macrophages et immunothérapie contre les cancers

Des cellules tumorales peuvent être reconnues par le système immunitaire qui contrôle le développement de certaines tumeurs. L'immunothérapie anti-tumorale consiste à stimuler cette immunité naturelle contre les cancers. L'utilisation de cytokines recombinantes et d'anticorps monoclonaux a permis de démontrer l'efficacité clinique de cette approche. Le traitement par les cytokines (IL-2, INFα) permet de stimuler les lymphocytes T et les cellules NK. Ces traitements ont montré des résultats prometteurs chez des patients présentant des tumeurs de stade peu évolué (Tartour *et al.* 1996; Sabatino *et al.* 2009). D'autre part, le développement d'anticorps monoclonaux dirigés contre les antigènes tumoraux a constitué une avancée thérapeutique majeure dans l'immunothérapie des cancers chez l'homme. Ces anticorps peuvent inhiber la croissance tumorale par une action directe sur les cellules tumorales (inhibition de la prolifération, induction d'apoptose...), par une lyse médiée par le complément, mais aussi par le recrutement de cellules effectrices comme les cellules NK et les macrophages cytotoxiques vis-à-vis de la tumeur. Ainsi, des anticorps contre Her2/neu (trastuzumab : herceptin), CD20 (rituximab : mabthera), le récepteur de l'EGF (cetuximab: erbitux) ou le VEGF (bévacizumab : Avastin) ont démontré leur efficacité et sont prescrits dans un nombre croissant de tumeurs (cancers du sein, lymphomes, tumeurs du colon, cancers du rein, tumeurs ORL, cancers du poumon) (Weiner *et al.* 2009).

4.2.4. Macrophages et thérapie génique contre les cancers

Au lieu de cibler les macrophages, une autre approche intéressante a été la proposition d'utiliser les macrophages (ou leurs précurseurs monocytes) comme vecteurs de thérapie génique. En effet, les macrophages s'accumulent préférentiellement dans les zones hypoxiques de tumeurs, et peuvent donc s'avérer un moyen efficace de délivrance de médicaments aux régions de la tumeur qui sont difficiles à cibler par d'autres moyens et qui contiennent des cellules qui sont plus résistantes aux chimiothérapies. Par exemple, une étude utilisant des macrophages avec un vecteur qui transfère le gène CYP2B6 codant pour le cytochrome P4502B6, montre que les macrophages infiltrants entraînent la mort des cellules tumorales adjacentes en présence de cyclophosphamide (Griffiths *et al.* 2000). Aussi, une autre étude dans un modèle murin de cancer de poumons, et utilisant des cellules dendritiques (DC) avec un vecteur qui transfère le gène codant la chimiokine CCL21, montre qu'elles permettent d'attirer plusieurs cellules immunitaires effectrices (NK, LT, DC endogènes), contribuant considérablement à étendre la survie des animaux (Yang *et al.* 2006). Enfin on peut citer une dernière étude qui a montré des effets anti-tumoraux et anti-métastatiques des macrophages avec un vecteur qui transfère le gène de l'IL-12 dans un modèle *in vivo* de cancer de la prostate (Satoh *et al.* 2003).

Partie Bibliographique

Questions posées - Objectifs

Comme nous l'avons décrit dans la partie bibliographique, des travaux récents suggèrent que LXR pourrait être impliqué dans la prolifération cellulaire et la croissance des cancers, notamment le cancer du sein. Néanmoins, aucune étude n'a montré une association entre l'effet inhibiteur sur la croissance tumorale et le rôle de LXR sur l'efflux du cholestérol. Nous nous basons sur l'hypothèse que l'activation de LXR pourrait conduire à priver les cellules cancéreuses des lipides indispensables à leur croissance en stimulant l'efflux du cholestérol.

De plus, les acides gras CLA, présents dans les produits laitiers et la viande des ruminants, sont bien documentés pour leur effet inhibiteur sur la croissance des cancers du sein. D'une manière intéressante il a récemment été montré qu'un isomère en particulier, le t9,t11-CLA, est capable d'activer LXR dans la lignée macrophagique THP-1 (Ecker *et al.* 2009). Toutefois, l'effet de cet isomère minoritaire sur la prolifération tumorale a été très peu étudié.

D'autre part, il est admis que le microenvironnement des cellules tumorales module la croissance des cellules cancéreuses. Les macrophages infiltrant la tumeur semblent jouer un rôle essentiel dans ce sens. L'activation de LXR dans les macrophages maintient une homéostasie du cholestérol puisque le résultat de son activation est une augmentation des transporteurs ABCA1 et ABCG1, ainsi que la sécrétion de l'ApoE qui participe à l'efflux du cholestérol. Il est tout à fait envisageable qu'un effet direct sur la prolifération des cellules cancéreuses soit potentialisé par l'action de l'ApoE (secrétée par les macrophages) sur l'efflux lipidique.

Les questions auxquelles nous avons voulu répondre durant ce projet sont les suivantes :

1) Est-ce qu'un effet inhibiteur de la prolifération tumorale par des agonistes de LXR peut être associé à une augmentation de l'efflux du cholestérol ?

2) Y a-t-il un isomère CLA capable d'activer le facteur LXR dans les cellules du cancer du sein tout en inhibant leur prolifération ?

3) Est-ce qu'une activation de LXR dans le microenvironnement tumoral représenté par les macrophages infiltrant, peut potentialiser l'effet inhibiteur du développement tumoral ? Notamment par la sécrétion de l'ApoE macrophagique ?

Les objectifs fixés au début de la thèse étaient donc :

1) Etablir la capacité des agonistes naturels (oxystérols) et synthétiques de LXR à inhiber la prolifération cellulaire sur une lignée cellulaire de carcinome mammaire humain (MCF-7) et vérifier si cet effet inhibiteur est associé à un efflux du cholestérol.

2) Evaluer l'effet des acides gras CLA sur l'activation du facteur LXR et sur la prolifération des cellules MCF-7.

3) Evaluer l'effet de l'ApoE sécrétée par les macrophages sous l'influence de LXR sur la prolifération tumorale.

Résultats - Discussion

1. Agonistes de LXR et cellules du cancer du sein MCF-7 : Effet de l'efflux du cholestérol

1.1. Introduction

Les nutriments lipidiques peuvent intervenir dans la modulation des cancers en interagissant avec leurs récepteurs cellulaires. Parmi ces récepteurs on distingue le récepteur Liver X Receptor (LXR) qui joue un rôle central dans l'homéostasie lipidique et glucidique dans plusieurs types cellulaires après activation par ses ligands naturels, les oxystérols. Les gènes cibles de LXR apparaissent liés au transport inverse du cholestérol, qui permet le retour de ce lipide des tissus périphériques vers le foie. LXR a été montré comme étant capable de réguler l'expression des transporteurs membranaires ABC, notamment ABCA1 et ABCG1, impliqués dans l'efflux cellulaire du cholestérol.

Comme nous l'avons développé dans la partie bibliographique, plusieurs études ont souligné l'effet inhibiteur des agonistes de LXR sur la prolifération cellulaire de différentes lignées cancéreuses, notamment le cancer du sein (Vedin et al. 2009; Chuu and Lin 2010), en agissant sur l'expression de certaines protéines clés du cycle cellulaire. Aussi, d'autres études montrent un rôle primordial des régions « lipid rafts » riches en cholestérol dans la survie des cellules tumorales mammaires (Brown 2006; Irwin et al. 2011). En revanche, aucune étude n'a montré

Résultats - Discussion

une association entre l'effet inhibiteur de l'activation de LXR sur la croissance tumorale et son rôle sur l'efflux du cholestérol.

En se basant sur les résultats déjà décrits, et sachant que LXRα est exprimé dans le tissu mammaire sain ainsi que dans plusieurs lignées de carcinome mammaire (Vigushin et al. 2004), nous avons émis l'hypothèse que l'activation de LXR pourrait conduire à priver les cellules cancéreuses des lipides indispensables à leur croissance en stimulant l'efflux du cholestérol, inhibant ainsi leur prolifération.

Pour vérifier cette hypothèse nous avons réalisé une étude portant sur l'effet d'un agoniste naturel [22(R)-HC] et synthétique (T0901317) de LXR dans un modèle de carcinome mammaire *in vitro* (cellules MCF-7), en nous intéressant à l'étude de la prolifération, de l'apoptose ainsi que l'efflux du cholestérol. Les résultats obtenus ont permis de confirmer l'importance de la stimulation des voies médiées par LXR pour inhiber la prolifération cellulaire et induire l'apoptose des cellules MCF7. De plus, nos expériences d'efflux marquant les cellules MCF-7 par du cholestérol radioactif [^{3}H] nous ont également montré que l'activation de LXR par le T0901317 et le 22(R)-HC augmente le taux d'efflux du cholestérol vers les High-Density Lipoproteins (HDL) via le transporteur ABCG1, diminuant ainsi le taux du cholestérol cellulaire et membranaire observé en microscopie confocale après marquage fluorescent.

Ces résultats sont présentés de manière détaillée dans l'article qui suit, publié dans le journal *Anticancer Research* en 2012.

1.2. Publication 1

LXR agonists and ABCG1-dependent cholesterol efflux in MCF-7 breast cancer cells: Relation to proliferation and apoptosis

Ali EL ROZ, Jean-Marie BARD, Jean-Michel HUVELIN and Hassan NAZIH

Anticancer Research 32(7): 3007-13 (2012)

1.3. Discussion

Les résultats présentés dans cette publication démontrent que les agonistes synthétique (T0901317 20 µM) et naturel [22(R)-HC 2 µg/mL] de LXR peuvent influencer la prolifération et l'apoptose de cellules MCF-7, lignée cellulaire de cancer du sein. Nos résultats sont les premiers à montrer que ces effets sont liés à une augmentation de l'efflux du cholestérol. L'effet anti-tumoral pourrait s'expliquer par une privation des cellules de ce lipide indispensable à leur croissance, ce qui déclenche leur mort.

En effet, nos expériences de mesure de la viabilité cellulaire par les tests MTT se retrouvent en corrélation avec celles réalisées pour quantifier la mort cellulaire en cytométrie de flux. Les résultats obtenus montrent que le traitement avec les 2 ligands diminue la prolifération des cellules MCF-7 de 35 % et 40 % ($p < 0,001$) après 24 heures et 48 heures respectivement, et augmente d'une manière significative ($p < 0,001$) le pourcentage des cellules mortes fixant le 7-AAD, un fluorophore qui se fixe sur l'ADN des cellules mortes (Figure 1, publication 1). De plus, nous montrons en PCR quantitative une induction de l'expression du gène pro-apoptotique BAX ($p < 0,05$) dans les cellules traitées et une inhibition de celle du gène de survie Bcl-2 (Figure 2, publication 1). Nous avons ensuite évalué l'efflux du cholestérol vers les High Density Lipoproteins (HDL) et l'apoA1, après marquage des cellules MCF-7 par du cholestérol radiomarqué au tritium. Le calcul du pourcentage d'efflux après comptage de la radioactivité dans les milieux de culture, montre qu'il est nettement augmenté vers les HDL ($p < 0,001$), alors qu'aucun changement n'est observé dans l'efflux vers l'apoA1 (Figure 3, publication 1). L'efflux du cholestérol par la voie des HDL, qui est assuré par le transporteur ABCG1, est ensuite confirmé par des résultats obtenus en qPCR et en Western Blot montrant une augmentation de l'expression de ce transporteur par les ligands de LXR, et une expression quasi nulle du transporteur ABCA1 qui est impliqué dans l'efflux vers l'apoA1 (Figure 4, publication 1). L'absence d'ABCA1 dans les cellules MCF-7 pourrait donc expliquer pourquoi aucun changement sur l'efflux du cholestérol vers l'apoA1 n'a été observé. Il faut toutefois signaler qu'une étude a démontré une augmentation de l'expression de l'ARNm d'ABCA1 après activation de LXR dans les cellules MCF-7, mais aucune indication sur son expression protéique n'a été donnée par les auteurs (Vedin et al. 2009).

Comme nous l'avons décrit dans la première partie, les effets anti-prolifératifs des agonistes de LXR observés *in vitro* et *in vivo* dans différents types de cancers, ont été attribués à l'inhibition de certaines protéines clés du cycle cellulaire comme les protéines Skp2, cycline A2 et cycline D1, ainsi qu'à l'induction des protéines apoptotiques comme la caspase-3, p53 et BAX (Vedin et al. 2009; Chuu and Lin 2010; Rough et al. 2010). Ces observations sont en accord avec nos résultats montrant une augmentation par les agonistes de LXR du ratio BAX/Bcl-2 en faveur de l'apoptose.

Aussi, nos résultats sont cohérents avec ceux d'une étude réalisée sur le cancer de la prostate montrant que la stimulation de LXR par le T0901317 réduit la tumeur chez les souris greffées en inhibant notamment la voie de survie AKT, et en induisant le transport inverse du cholestérol permettant ainsi une baisse du contenu de cholestérol dans les régions « lipid-rafts » (Pommier et al. 2010). Les régions « lipid-rafts », riches en lipides et notamment en cholestérol, sont connues comme étant bien développées dans les cellules cancéreuses en général, et jouent un rôle important dans la signalisation de survie des cellules cancéreuses mammaires en particulier (Brown 2006; Irwin et al. 2011). De plus, il a été montré que l'altération dans la composition des « lipid-rafts » entraine une induction du processus apoptotique (Haimovitz-Friedman et al. 1994; von Haefen et al. 2002). Dans notre étude, bien que nous ne possédions pas les moyens techniques permettant de quantifier l'effet sur les « lipids-rafts », nous attirons l'attention sur l'effet d'une déplétion membranaire du cholestérol observée en microscopie confocale, sur la prolifération et l'apoptose des cellules cancéreuses. L'effet d'une telle déplétion par la méthyl-β-cyclodextrine sur la prolifération et l'apoptose des cellules MCF-7 a déjà été souligné par Tiwary et ses collègues, sans qu'ils ne montrent une implication du facteur LXR dans ce processus (Tiwary et al. 2011).

Nos données soulèvent la question du rôle de LXR dans le métabolisme du cholestérol dans le cancer du sein. Notre hypothèse, qu'une privation du cholestérol par une stimulation de son efflux médié par LXR puisse inhiber la survie cellulaire, a été confirmée. L'étude approfondie du métabolisme du cholestérol dans le cancer serait nécessaire afin de déterminer l'importance d'un ciblage de cette voie en thérapeutique.

2. Effet du t9,t11-CLA sur la prolifération des cellules MCF-7 : Implication de LXR

2.1. Introduction

Les acides gras CLA sont présents dans certains aliments d'origine animale comme les produits laitiers et la viande provenant des ruminants, et peuvent également être générés sous l'action de la flore bactérienne intestinale. Ils se distinguent par la géométrie Cis (c) ou Trans (t), et par le positionnement des doubles liaisons sur la chaîne carbonée.

Comme nous l'avons décrit dans la partie bibliographique, le rôle anti-tumoral des CLA est bien documenté, notamment dans le cancer du sein. La plupart des études sur les lignées cancéreuses mammaires *in vitro* ont testé les 2 isomères majoritairement trouvés dans les aliments (c9,t11-CLA et t10,c12-CLA) (Tanmahasamut et al. 2004; Albright et al. 2005), et les études faites dans des modèles *in vivo* ont utilisé des mélanges de ces 2 isomères dans l'apport nutritionnel (Ip et al. 2000; Masso-Welch et al. 2002). Cependant, d'autres études montrent que les isomères CLA peuvent avoir des mécanismes d'action différents et exercer ainsi des effets distincts sur la cancérogenèse (Masso-Welch *et al.* 2004; Wang et al. 2005).

Curieusement, certaines rares études utilisant des isomères CLA minoritaires ont montré que le t9,t11-CLA est plus efficace parmi plusieurs autres isomères testés sur des lignées du cancer du sein (De la Torre et al. 2005) et du colon (Beppu et al. 2006). D'une manière intéressante, il a été montré que le t9,t11-CLA est capable d'activer LXR dans la lignée macrophagique THP-1 et d'induire l'efflux du cholestérol (Ecker et al. 2009).

En se basant sur ces résultats, nous avons voulu tester si l'isomère t9,t11-CLA peut activer le récepteur LXR dans les cellules cancéreuses tout en ayant une activité inhibitrice sur leur prolifération. Dans cette perspective, nous avons évalué l'effet des isomères CLA majoritaires (c9,t11-CLA et t10,c12-CLA) ainsi que l'isomère t9,t11-CLA sur l'activation de LXR et sur la prolifération des cellules MCF-7. Les résultats obtenus soulignent pour la première fois l'importance de la voie de LXR dans l'activité anti-tumorale du t9,t11-CLA qui est apparu plus efficace que les 2 autres isomères testés. Nos expériences de microscopie confocale utilisant un marquage fluorescent du cholestérol, montrent que le t9,t11-CLA entraîne une baisse du taux du cholestérol cellulaire et membranaire.

Ces résultats sont détaillés dans la publication qui suit, parue dans la revue *Prostaglandins, Leukotrienes and Essential Fatty Acids* en 2013.

2.2. Publication 2

The anti-proliferative and pro-apoptotic effects of the trans9,trans11 conjugated linoleic acid isomer on MCF-7 breast cancer cells are associated with LXR activation

Ali EL ROZ, Jean-Marie BARD, Jean-Michel HUVELIN and Hassan NAZIH

Prostaglandins, Leukotrienes and Essential Fatty Acids 88(1): 265-272 (2013)

2.3. Discussion

Le pouvoir anti-tumoral des CLA est bien documenté. Cependant, peu d'études ont évalué le rôle individuel des isomères CLA minoritaires et la plupart des études ont utilisé des mélanges des 2 isomères majoritaires. Ici nous montrons que l'isomère t9,t11-CLA a un effet anti-prolifératif qui est supérieur à celui de deux autres isomères testés (c9,t11-CLA et t10,c12-CLA). Les résultats obtenus sur notre modèle cellulaire MCF-7 montrent qu'il induit également l'expression des gènes cibles de LXR et qu'il entraîne une baisse du taux du cholestérol cellulaire et membranaire observé en microscopie confocale.

Ainsi, nous montrons dans cette étude que le t9,t11-CLA (50 µM) diminue la prolifération des cellules MCF-7 de 50 % ($p < 0.001$), qu'il induit une augmentation significative de l'apoptose (cellules 7-AAD$^+$) après 24h de traitement (Figure 1, publication 2), et qu'il inhibe fortement la migration cellulaire évaluée en test de « blessure » sur les monocouches de cellules (Figure 3, publication 2). En outre, des résultats de l'expression génique obtenus en qPCR montrent que cet isomère induit une augmentation du ratio BAX/Bcl-2 en faveur de l'apoptose (Figure 4, publication 2). Ces résultats sont concordants avec ceux déjà décrits sur des lignées du cancer du sein (De la Torre et al. 2005) et du colon (Beppu et al. 2006; Coakley *et al.* 2006) montrant une efficacité supérieure de l'isomère t9,t11-CLA parmi plusieurs autres isomères testés. Ici, nous proposons que l'effet anti-prolifératif observé du t9,t11-CLA est une conséquence directe de l'activation du facteur nucléaire LXR. En effet, nous montrons que cet isomère induit l'expression de plusieurs gènes cibles de LXR comme le transporteur

ABCG1 et la protéine ARL7 impliquée dans le transport vésiculaire du cholestérol vers la membrane cytoplasmique (Engel et al. 2004). D'une manière intéressante, nos expériences de marquage fluorescent en microscopie confocale montrent une baisse du contenu cellulaire et membranaire du cholestérol quand les cellules sont traitées avec le t9,t11-CLA, alors qu'aucun effet n'est observé avec les autres isomères (Figure 6, publication 2). L'activation de LXR par le t9,t11-CLA dans les cellules MCF-7 concorde avec l'étude menée par Ecker et ses collègues en 2009 montrant qu'il est capable d'activer LXR dans la lignée macrophagique THP-1 et d'induire l'efflux du cholestérol (Ecker et al. 2009).

D'autre part, les résultats de notre étude sont en corrélation avec ceux obtenus dans notre première publication sur les agonistes naturels et synthétiques de LXR. Le t9,t11-CLA est donc capable, comme agoniste de LXR, d'inhiber le contenu membrane en cholestérol nécessaire à la survie des cellules cancéreuses. De plus, et d'une manière surprenante, nous montrons que l'expression de l'ARNm de la HMG-CoA Réductase (HMG-CR), enzyme clé dans la biosynthèse du cholestérol, est augmentée d'une façon considérable après traitement avec le t9,t11-CLA. Une augmentation de l'expression de HMG-CR au niveau de son ARNm chez des souris surexprimant le transporteur ABCG1, a été associée à des taux réduits de certains précurseurs et intermédiaires du cholestérol (lanostérol, lathostérol, desmostérol). Une forte expression d'ABCG1, montrée aussi dans notre étude, permettrait d'induire l'efflux membranaire du cholestérol, et inhiber ainsi ses précurseurs participant à sa voie de biosynthèse. Cela déclencherait un « feed-back » physiologique dans la cellule pour synthétiser le cholestérol qui manque, et ceci par le biais d'une induction de l'enzyme HMG-CR.

Résultats - Discussion

Aussi, des effets bénéfiques du t9,t11-CLA contre l'inflammation ont été montrés dans une lignée macrophagique murine (RAW264.7). L'étude en question montre que le t9,t11-CLA bloque le récepteur à l'interleukine-1 (IL-1) en augmentant l'expression du facteur anti-inflammatoire IL-1Ra, provoquant ainsi une inhibition de la sécrétion des cytokines pro-inflammatoires IL-1α, IL-1β et IL-6 (Lee *et al.* 2009). D'une manière intéressante, des souris déficientes en IL-1Ra (IL-1Ra$^{-/-}$) présentent des taux anormaux de cholestérol dans le plasma (Devlin *et al.* 2002), et une biosynthèse altérée d'acides biliaires quand elles sont soumises à un régime alimentaire athérogène (Isoda *et al.* 2005), ce qui suggère des effets protecteur de l' IL-1Ra, cible du t9,t11-CLA, contre l'excès du cholestérol.

Précédemment, les études réalisées sur des modèles *in vivo* de tumeur mammaire ont montré des effets bénéfiques d'une supplémentation alimentaire par un mélange de CLA composé de c9,t11-CLA et t10,c12-CLA (Visonneau et al. 1997; Ip et al. 2000; Hubbard et al. 2003; Lavillonniere et al. 2003). Néanmoins aucune étude chez l'animal n'a utilisé des isomères CLA minoritaires comme le t9,t11-CLA par exemple. Nous croyons que des expérimentations *in vivo* sur des modèles murins de xénogreffes de cellules cancéreuses mammaires sont nécessaires pour valider le potentiel préventif et/ou curatif du t9,t11-CLA. Le défi actuel est de produire des quantités suffisantes de cet isomère minoritaire dans les aliments afin qu'il puisse être supplémenté à un régime alimentaire appliqué sur des modèles *in vivo*. Il faut toutefois noter qu'il a été montré que cet isomère peut être produit à partir de l'acide linoléique par des bactéries du rumen (Butyrivibrio fibrisolvens et Clostridium proteoclasticum) (Wallace *et al.* 2007), des bactéries lactiques (Lactobacillus plantarum) (Ogawa et al. 2005), ainsi que par des bifidobactéries intestinales chez l'homme (Coakley et al. 2006; O'Shea *et al.* 2012).

Enfin, le mécanisme d'action du t9,t11-CLA reste à définir. Afin de valider que son effet est dépendant de LXR, il serait intéressant de bloquer ce récepteur ou d'inhiber son expression par un siRNA spécifique dans la lignée cellulaire d'intérêt et d'évaluer par la suite les effets provoqués par ce CLA dans un tel model. Le rôle potentiel des CLA *in vivo*, en particulier celui de l'isomère t9,t11-CLA, dont l'effet est peu documenté, permettra d'envisager une nouvelle approche pharmacologique ou nutritionnelle de prévention des cancers du sein.

3. ApoE Macrophagique et cellules cancéreuses mammaires

3.1. Introduction

Le microenvironnement tumoral est riche en macrophages pouvant infiltrer la tumeur et moduler la croissance des cellules cancéreuses. En effet, en plus de leur rôle comme cellules présentatrices d'antigène, l'activité tumoricide des macrophages a été montrée et étudiée dans le cadre de leur utilisation en immunothérapie anti-tumorale (Lucas *et al.* 2003; Taniguchi *et al.* 2010).

Il est intéressant de noter que les macrophages participent à la voie du transport inverse du cholestérol puisqu'ils expriment le récepteur nucléaire LXR qui active les transporteurs ABCA1 et ABCG1. L'activation de LXR dans les macrophages induit également une augmentation de la sécrétion de l'ApoE, qui participe également à l'efflux cellulaire du cholestérol (Laffitte et al. 2001). Actuellement, l'influence d'une éventuelle augmentation de l'expression des cibles de LXR dans les macrophages environnants sur la croissance des cellules cancéreuses n'est pas connue.

Nous supposons que les macrophages pré-activés par des agonistes de LXR peuvent potentialiser l'effet inhibiteur sur la prolifération des cellules cancéreuses. Aussi, plusieurs études ont montré un rôle protecteur de l'ApoE dans plusieurs lignées tumorales (Vogel *et al.* 1994; Kojima *et al.* 2005; Bhattacharjee *et al.* 2011; Mulik *et al.* 2012). Cependant l'effet de l'ApoE macrophagique secrétée sous l'influence de LXR n'a pas été étudié.

En nous basant sur ces arguments, nous avons réalisé une troisième étude portant sur le rôle de l'ApoE macrophagique sécrétée sous l'influence de LXR dans l'inhibition de la prolifération tumorale des cellules cancéreuses mammaires MCF-7. Nous avons évalué cet effet sur nos cellules MCF-7 en les incubant avec des surnageants de culture issus des cellules macrophagiques THP-1 activées par des agonistes de LXR [T0901317 ou 22(R)-HC] ou transfectées avec un siRNA contre l'ARNm de l'ApoE.

Les résultats obtenus montrent un effet anti-prolifératif et apoptotique des milieux issus de macrophages traités par des agonistes de LXR. De plus, les milieux pauvres en ApoE issus des cellules THP-1 transfectées avec un siRNA contre l'ApoE, donnent des résultats opposés, supposant que cette protéine aurait un rôle important dans l'effet anti-prolifératif médié par les macrophages.

Ces résultats sont présentés d'une façon détaillée dans l'article ci-après, publié dans le journal *Anticancer Research*.

3.2. Publication 3

Macrophage Apolipoprotein E and Proliferation of MCF-7 Breast Cancer Cells: Role of LXR

Ali EL ROZ, Jean-Marie BARD, Sabine VALIN, Jean-Michel HUVELIN and Hassan NAZIH

Anticancer Research 33(9): 3783-9 (2013)

3.3. Discussion

Il est admis que le microenvironnement tumoral (riche en fibroblastes, cellules endothéliales, de matrice extracellulaire et de macrophages) peut moduler la croissance des cellules cancéreuses. Nous avons étudié l'effet des macrophages pré-activés par des agonistes de LXR sur les cellules MCF-7, et nous avons porté une attention particulière à l'apolipoprotéine E (ApoE) macrophagique secrétée. Afin d'étudier cet effet, les cellules MCF-7 ont été incubées avec des surnageants issus de cellules macrophagiques THP-1 en utilisant 2 approches : macrophages traités par des agonistes de LXR « THP-1 + agonistes LXR », ou transfectés par un siRNA dirigé contre l'ApoE « THP-1 + siRNA ApoE ».

La lignée monocytaire THP-1, différenciée en macrophages, a donc été incubée avec les agonistes de LXR [22(R)-HC 2 µg/mL et T0901317 20 µM] (« THP-1 + agonistes LXR ») pendant 24 h. Le même modèle a été transfecté par un siRNA dirigé contre l'ApoE (« THP-1 + siRNA ApoE »). L'ApoE issue de ces différents milieux conditionnés a été dosée par ELISA, et le niveau d'expression de son ARNm évalué en qPCR. Comme prévu, les résultats montrent une induction de l'ApoE dans le modèle « THP-1 + agonistes LXR », et une importante inhibition dans le modèle « THP-1 + siRNA ApoE » (Figure 1, publication 3). Notre transfection par le siRNA serait donc bien efficace puisque l'inhibition de l'ApoE est observée même après avoir enlevé le milieu de transfection et incubé les cellules THP-1 dans du milieu de culture frais (voir partie matériel et méthodes, publication 3). Ensuite la viabilité des cellules cancéreuses MCF-7 sous l'influence de ces milieux conditionnés, et après traitement avec l'ApoE exogène (20 µg/mL), a été évaluée par la méthode MTT. Le taux d'expression des gènes impliqués dans l'apoptose (BAX, Bcl-2) a été analysé en qPCR, et enfin la mort cellulaire a été quantifiée après un marquage par le 7-AAD et un comptage en cytométrie en flux.

Les résultats montrent une diminution importante de la viabilité cellulaire après 24 h et 48 h de traitement avec l'ApoE exogène (18 % et 40 % respectivement), ou après 24 h de traitement avec les milieux « THP-1 + agonistes LXR » (30 %). Cette inhibition n'est plus observée en utilisant les milieux « THP-1 + siRNA ApoE » déficients en ApoE, puisque nous observons même une augmentation de la prolifération cellulaire de 40 % à 24 h et aucun effet à 48 h (Figure 2, publication 3). D'autre part, une induction de l'expression du gène pro-apoptotique BAX et une forte inhibition de celle de Bcl-2 sont observées chez les cellules MCF-7 incubées avec les milieux « THP-1 + agonistes LXR ». En revanche, l'effet inverse est observé pour BAX et aucun changement n'est noté pour Bcl-2 avec les milieux « THP-1 + siRNA ApoE » (Figure 3, publication 3). Enfin, les expériences de quantification de la mort cellulaire évaluée en cytométrie de flux vont dans le même sens, puisque nous observons une augmentation du pourcentage des cellules MCF-7 7-AAD$^+$ après incubation avec les milieux « THP-1 + agonistes LXR » et avec l'ApoE exogène, alors que l'effet inverse se produit avec les milieux « THP-1 + siRNA ApoE » (Figure 4, publication 3).

L'ApoE est une apolipoprotéine exprimée par de nombreux tissus dont les macrophages. Sa large distribution tissulaire lui confère plusieurs fonctions. La synthèse et la sécrétion de l'ApoE par les macrophages sont sous le contrôle du facteur de transcription LXR. Comme nous l'avons montré dans notre première publication, et l'ont

Résultats - Discussion

aussi montré d'autres travaux, les agonistes de LXR peuvent inhiber la prolifération de plusieurs lignées cancéreuses *in vitro*. Dans notre première publication, nous avons souligné la relation entre les effets inhibiteurs sur la croissance tumorale des agonistes de LXR et l'induction de l'efflux du cholestérol. La sécrétion d'ApoE par les macrophages sous l'influence de LXR est connue pour sa contribution à favoriser l'efflux du cholestérol (Zhang et al. 1996). Il est tout à fait envisageable qu'un effet direct des agonistes de LXR sur la prolifération soit potentialisé par l'action de l'ApoE sécrétée par les macrophages qui entourent les tumeurs dans leur microenvironnement. Cependant, le rôle de l'ApoE dans le cancer reste controversé. En effet, certaines études ont montré que cette protéine a des effets anti-prolifératifs dans certains types de cancers (Browning et al. 1994; Vogel et al. 1994; Kojima et al. 2005; Ha et al. 2009; Bhattacharjee et al. 2011; Mulik et al. 2012; Pencheva et al. 2012), alors que curieusement d'autres études ont montré qu'elle est indispensable pour la prolifération et la survie d'autres lignées tumorales, comme le cancer de l'ovaire (Chen et al. 2005) et l'adénocarcinome pulmonaire (Su et al. 2011). Par conséquent, cette dualité d'activité de l'ApoE sur les cellules cancéreuses serait tissu-spécifique, et sa relation avec certains types de cancer est encore un sujet de débat. Alors que les études mentionnées ci-dessus ont utilisé des résidus de peptides dérivés de la protéine ApoE ou une transfection d'ApoE *via* un vecteur plasmidique, notre objectif était d'évaluer l'effet de l'ApoE native sécrétée par les macrophages. En plus de l'augmentation de la synthèse et la sécrétion d'ApoE, les agonistes de LXR induisent également l'expression des transporteurs ABCA1 et ABCG1 dans les cellules THP-1. Ces transporteurs facilitent la lipidation de l'ApoE (Krimbou et al. 2004), formant ainsi les HDLs capables d'interagir avec les cellules MCF-7. Pour compléter notre étude, il serait intéressant de déterminer l'état de l'ApoE associée ou non à des lipides, et par la suite étudier les mécanismes cellulaires impliqués dans l'effet de l'ApoE sur la croissance tumorale. La diminution de la prolifération serait-elle une conséquence de l'inhibition d'une voie de survie cellulaire ? Ou la conséquence d'un efflux massif de cholestérol médié par l'ApoE macrophagique ?

Il a été montré que l'expression de l'ApoE peut être augmentée par certains nutriments dans le cadre d'une activation du facteur nucléaire LXR. Cette étude a révélé les effets anti-prolifératifs et pro-apoptotiques des macrophages activés par LXR sur les cellules MCF-7. L'inhibition de l'ApoE par une transfection par un siRNA spécifique a démontré que cette protéine est impliquée dans les effets observés par les milieux conditionnés des macrophages. Nous suggérons que l'ApoE macrophagique peut potentialiser l'effet des agonistes de LXR, sans pour autant éliminer l'hypothèse que d'autres médiateurs de LXR ou des molécules macrophagiques (cytokines...) soient également impliqués. Plus de recherches sont nécessaires afin de clarifier le mécanisme par lequel agit l'ApoE macrophagique sur les cellules du cancer du sein, avant qu'un ciblage de LXR dans l'immunothérapie utilisant les macrophages puisse être envisagé dans l'avenir.

Résultats - Discussion

Conclusions et Perspectives

Conclusions et Perspectives

Le cancer est un problème majeur de santé publique avec une augmentation régulière du nombre de nouveaux cas chaque année. Le nombre de nouveaux cas en France pour l'année 2010 est estimé à 358 000 (InVS, Inserm, INCa). Le cancer du sein étant le plus fréquent chez la femme avec 53000 cas. Il est admis que l'alimentation et les facteurs nutritionnels peuvent influencer cette pathologie en agissant sur le processus de la cancérogenèse par différents mécanismes. Parmi ces facteurs, l'apport nutritionnel en stérols et acides gras semble jouer un rôle essentiel, notamment *via* une interaction avec les récepteurs nucléaires au sein de la cellule. Ce travail de thèse avait pour objectif de tester l'efficacité de l'activation du récepteur LXR par ses agonistes et par des acides gras qu'on trouve dans certains aliments, sur la prolifération tumorale des cellules cancéreuses mammaires (lignée MCF-7).

Les résultats obtenus durant cette thèse ont permis de montrer l'importance de la stimulation de la voie de signalisation de LXR pour exercer un effet anti-tumoral sur les cellules du cancer du sein *in vitro*, que ce soit par : 1) des agonistes synthétiques et naturels (stérols), 2) par des acides gras type isomères conjugués de l'acide linoléique (CLA), et aussi 3) *via* une activation des macrophages environnants. En nous basant sur les résultats déjà décrits, et sachant que LXRα est exprimé dans le tissu mammaire sain ainsi que dans plusieurs lignées de carcinome mammaire (Vigushin et al. 2004), nous avons émis l'hypothèse que l'activation de LXR pourrait conduire à priver les cellules cancéreuses des lipides indispensables à leur croissance en stimulant l'efflux du cholestérol, inhibant ainsi leur prolifération.

Conclusions et Perspectives

Comme nous l'avons développé dans notre partie bibliographique, plusieurs études ont rapporté l'effet anti-prolifératif qu'exercent les agonistes de LXR sur les cellules du cancer du sein (Vedin et al. 2009; Chuu and Lin 2010). L'originalité de notre premier projet *(publication 1)* résidait dans l'association de l'effet anti-prolifératif et pro-apoptotique sur les cellules MCF-7 avec une induction de l'efflux du cholestérol. Nous avons montré en effet une augmentation considérable de l'efflux médié par le transporteur ABCG1 vers les HDLs. Toutefois, nous n'avons observé aucun changement de l'efflux du cholestérol vers l'apoA1, que nous justifions par une absence d'ABCA1 dans les cellules MCF-7.

De plus, il est connu que les zones « lipid-rafts », riches en cholestérol et abondantes dans les cellules cancéreuses, favorisent la survie de ces cellules, notamment les cellules cancéreuses mammaires (Brown 2006; Irwin et al. 2011). Il a été montré que l'altération dans la composition des « lipid-rafts » entraine une induction du processus apoptotique (Haimovitz-Friedman et al. 1994; von Haefen et al. 2002), et un rôle de l'activation de LXR dans ce processus a déjà été souligné dans les cellules du cancer de la prostate (Pommier et al. 2010). Il serait donc judicieux pour compléter notre étude, de regarder l'effet qu'exercent les agonistes de LXR sur ces zones dans le modèle MCF-7.

Le frein à l'utilisation des agonistes synthétiques de LXR chez l'homme réside dans leur rôle dans l'activation de la lipogenèse hépatique médiée par le facteur SREBP-1c (Joseph et al. 2002) et leur effet hypertriglycéridémiant rapporté chez les souris (Schultz et al. 2000). Il est toutefois intéressant de noter que les agonistes synthétiques de LXR induisent la lipogenèse d'une manière beaucoup plus puissante que les oxystérols, dont certains sont même capable de limiter l'effet de la voie de lipogenèse en inhibant la maturation du précurseur SREBP-1 (Radhakrishnan et al. 2007). Des études *in vivo* seraient donc nécessaires pour clarifier cette question dans des modèles de cancer mammaire, en comparant l'effet sur la lipogenèse exercé par l'administration d'agonistes synthétiques et de stérols. D'une manière intéressante, une nouvelle molécule synthétisée récemment par une équipe allemande, possédant une structure stilbénoïde proche de celles des oxystérols et nommée « 2-[[4-[(E)-styryl]phenoxy]methyl]oxirane » ou « STX4 », a été rapportée comme agoniste de LXR avec un effet anti-athérogène et absence de l'effet hypertriglycéridémiant indésirable (Feldmann et al. 2013). Il serait donc intéressant d'étudier l'effet d'une telle molécule sur notre modèle tumoral.

Une deuxième étude que nous avons réalisée a permis de montrer que l'acide gras t9,t11-CLA serait un agoniste de LXR capable d'inhiber d'une manière considérable la prolifération des cellules MCF-7, en agissant notamment sur le contenu cellulaire et membranaire du cholestérol *(publication 2)*. Les acides gras CLA, qui sont présents dans certains aliments d'origine animale comme les produits laitiers et la viande provenant des ruminants, sont bien documentés pour leur rôle anti-tumoral, notamment dans le cancer du sein. Cependant, la plupart des études ont testé les 2 isomères majoritairement trouvé dans les aliments (c9,t11-CLA et t10,c12-CLA) (Ip et al. 2000; Masso-Welch et al. 2002; Tanmahasamut et al. 2004; Albright et al. 2005), et peu d'études se sont intéressées à étudier des isomères minoritaires comme le t9,t11-CLA qui a été auparavant rapporté comme agoniste de LXR (Ecker et al. 2009).

Nous avons comparé l'effet de ces 3 isomères sur les cellules MCF-7 et nos résultats montrent un effet inhibiteur de la prolifération plus marqué avec le t9,t11-CLA qu'avec les 2 autres isomères, ce qui est cohérent avec des précédentes observations sur d'autres lignées

Conclusions et Perspectives

tumorales (De la Torre et al. 2005; Beppu et al. 2006; Coakley et al. 2006). L'originalité de ce travail réside dans l'activation de certains gènes cibles de LXR jouant sur le métabolisme du cholestérol par l'isomère t9,t11-CLA, ainsi que la baisse remarquable du contenu cellulaire et membranaire en cholestérol observée en microscopie confocale et qui accompagne son effet sur la prolifération et l'apoptose des cellules MCF-7. Il serait toutefois intéressant de confirmer que cet effet dépend uniquement de LXR, en réalisant par exemple des transfections par un siRNA spécifique inhibant l'expression de LXR dans les cellules MCF-7.

Il est aussi indispensable de tester l'effet d'une supplémentation du t9,t11-CLA dans des régimes alimentaires attribués à des modèles *in vivo* de cancer mammaire. Le défi auquel il faudra faire face dans une telle expérimentation sera de produire des quantités suffisantes de cet isomère minoritaire dans les aliments pour permettre une supplémentation dans des modèles *in vivo*. Il faut toutefois noter que cet isomère peut être produit à partir de l'acide linoléique par des bactéries du rumen (Wallace et al. 2007), des bactéries lactiques (Ogawa et al. 2005), ainsi que par des bifidobactéries intestinales chez l'homme (Coakley et al. 2006; O'Shea et al. 2012), ce qui laisse entrevoir des stratégies possibles de production de cet acide gras et avoir ainsi les quantités requises à une supplémentation alimentaire chez l'animal.

Enfin dans une troisième étude, nous avons utilisé une nouvelle approche originale qui consiste à activer le facteur LXR dans une lignée macrophagique et tester le milieu de culture conditionné des macrophages sur les cellules cancéreuses MCF-7. Nous avons porté une attention particulière à l'ApoE sécrétée par les macrophages sous l'influence de LXR *(publication 3)*. L'ApoE a déjà montré des effets bénéfiques dans certaines lignées tumorales (Vogel et al. 1994; Kojima et al. 2005; Bhattacharjee et al. 2011; Mulik et al. 2012). Curieusement d'autres études ont montré qu'elle est indispensable pour la prolifération et la survie d'autres lignées tumorales, comme le cancer de l'ovaire (Chen et al. 2005) et l'adénocarcinome pulmonaire (Su et al. 2011). Par conséquent, il semble que cette dualité d'activité de l'ApoE sur les cellules cancéreuses serait tissu-spécifique, et sa relation avec certains types de cancer est encore un sujet de débat.

Nos résultats ont révélé des effets anti-prolifératifs et pro-apoptotiques des macrophages activés par des agonistes de LXR sur les cellules MCF-7. De plus, l'inhibition de l'ApoE par une transfection par un siRNA spécifique a démontré que cette protéine est impliquée dans les effets observés sur les milieux conditionnés des macrophages.

Pour compléter notre étude, il serait intéressant de déterminer l'état de l'ApoE associée ou non à des lipides, et par la suite étudier les mécanismes cellulaires impliqués dans l'effet de l'ApoE sur la croissance tumorale. La diminution de la prolifération serait-elle une conséquence de l'inhibition d'une voie de survie cellulaire ? Ou la conséquence d'un efflux massif de cholestérol médié par l'ApoE macrophagique ?

Comme nous l'avons décrit dans les parties précédentes, l'utilisation des macrophages dans l'immunothérapie anti-tumorale et dans la thérapie génique a déjà montré des effets prometteurs (Lucas et al. 2003; Taniguchi et al. 2010). Dans cette étude nous avons voulu cibler les macrophages qui sont supposés être abondants dans le microenvironnement des tumeurs en activant le récepteur LXR. La limite de notre étude réside dans le modèle monocytaire utilisé (THP-1) qui, bien qu'il soit différencié en macrophages avec du PMA, est originaire d'une lignée leucémique humaine (Tsuchiya *et al.* 1980). Il serait intéressant afin de compléter notre étude d'utiliser des macrophages isolés à partir du sérum humain.

Ce projet s'inscrit dans la problématique générale de l'influence des nutriments sur le développement des cancers. L'un des acteurs clés pouvant expliquer l'interaction de ces nutriments avec le développement des tumeurs est le récepteur nucléaire LXR. L'apport nutritionnel en acides gras CLA et en stérols semble jouer un rôle primordial dans ce contexte. Nos résultats obtenus dans la lignée cancéreuse mammaire MCF-7 proposent que leur effet anti-prolifératif est médié, au moins en partie, *via* une activation de la voie de l'efflux du cholestérol, privant ainsi les cellules de ce lipide abondant dans leurs membranes et nécessaires à leur survie. Toutefois, un ciblage de cette voie par une approche nutritionnelle reste à définir dans un modèle *in vivo* de cancer mammaire. La confirmation éventuelle de l'influence de LXR sur le devenir de la pathologie mammaire ainsi qu'une meilleure compréhension de son rôle sur le métabolisme lipidique et sur le microenvironnement tumoral, permettront d'approfondir une nouvelle voie de recherche thérapeutique.

Conclusions et Perspectives

Bibliographie

Albers, R., R. P. van der Wielen, E. J. Brink, H. F. Hendriks, V. N. Dorovska-Taran and I. C. Mohede (2003). "Effects of cis-9, trans-11 and trans-10, cis-12 conjugated linoleic acid (CLA) isomers on immune function in healthy men." Eur J Clin Nutr 57(4): 595-603.

Albright, C. D., E. Klem, A. A. Shah and P. Gallagher (2005). "Breast cancer cell-targeted oxidative stress: enhancement of cancer cell uptake of conjugated linoleic acid, activation of p53, and inhibition of proliferation." Exp Mol Pathol 79(2): 118-125.

Alikhani, N., R. D. Ferguson, R. Novosyadlyy, E. J. Gallagher, E. J. Scheinman, S. Yakar and D. Leroith (2013). "Mammary tumor growth and pulmonary metastasis are enhanced in a hyperlipidemic mouse model." Oncogene 32(8): 961-967.

Aravindhan, K., C. L. Webb, M. Jaye, A. Ghosh, R. N. Willette, N. J. DiNardo and B. M. Jucker (2006). "Assessing the effects of LXR agonists on cellular cholesterol handling: a stable isotope tracer study." J Lipid Res 47(6): 1250-1260.

Aro, A., S. Mannisto, I. Salminen, M. L. Ovaskainen, V. Kataja and M. Uusitupa (2000). "Inverse association between dietary and serum conjugated linoleic acid and risk of breast cancer in postmenopausal women." Nutr Cancer 38(2): 151-157.

Auwerx, J. H., S. Deeb, J. D. Brunzell, R. Peng and A. Chait (1988). "Transcriptional activation of the lipoprotein lipase and apolipoprotein E genes accompanies differentiation in some human macrophage-like cell lines." Biochemistry 27(8): 2651-2655.

Bagga, D., K. H. Anders, H. J. Wang and J. A. Glaspy (2002). "Long-chain n-3-to-n-6 polyunsaturated fatty acid ratios in breast adipose tissue from women with and without breast cancer." Nutr Cancer 42(2): 180-185.

Balkwill, F., K. A. Charles and A. Mantovani (2005). "Smoldering and polarized inflammation in the initiation and promotion of malignant disease." Cancer Cell 7(3): 211-217.

Banni, S., E. Angioni, E. Murru, G. Carta, M. P. Melis, D. Bauman, Y. Dong and C. Ip (2001). "Vaccenic acid feeding increases tissue levels of conjugated linoleic acid and suppresses development of premalignant lesions in rat mammary gland." Nutr Cancer 41(1-2): 91-97.

Baranowski, M. (2008). "Biological role of liver X receptors." J Physiol Pharmacol 59 Suppl 7: 31-55.

Bassaganya-Riera, J., R. Hontecillas, D. R. Zimmerman and M. J. Wannemuehler (2001). "Dietary conjugated linoleic acid modulates phenotype and effector functions of porcine CD8(+) lymphocytes." J Nutr 131(9): 2370-2377.

Basu, S. K., Y. K. Ho, M. S. Brown, D. W. Bilheimer, R. G. Anderson and J. L. Goldstein (1982). "Biochemical and genetic studies of the apoprotein E secreted by mouse macrophages and human monocytes." J Biol Chem 257(16): 9788-9795.

Beppu, F., M. Hosokawa, L. Tanaka, H. Kohno, T. Tanaka and K. Miyashita (2006). "Potent inhibitory effect of trans9, trans11 isomer of conjugated linoleic acid on the growth of human colon cancer cells." J Nutr Biochem **17**(12): 830-836.

Beral, V. (2003). "Breast cancer and hormone-replacement therapy in the Million Women Study." Lancet **362**(9382): 419-427.

Bhattacharjee, P. S., T. S. Huq, T. K. Mandal, R. A. Graves, S. Muniruzzaman, C. Clement, H. E. McFerrin and J. M. Hill (2011). "A novel peptide derived from human apolipoprotein E is an inhibitor of tumor growth and ocular angiogenesis." PLoS One **6**(1): e15905.

Birrell, M. A., M. C. Catley, E. Hardaker, S. Wong, T. M. Willson, K. McCluskie, T. Leonard, S. N. Farrow, J. L. Collins, S. Haj-Yahia and M. G. Belvisi (2007). "Novel role for the liver X nuclear receptor in the suppression of lung inflammatory responses." J Biol Chem **282**(44): 31882-31890.

Blackburn, G. L. and K. A. Wang (2007). "Dietary fat reduction and breast cancer outcome: results from the Women's Intervention Nutrition Study (WINS)." Am J Clin Nutr **86**(3): s878-881.

Blanckaert, V., L. Ulmann, V. Mimouni, J. Antol, L. Brancquart and B. Chenais (2010). "Docosahexaenoic acid intake decreases proliferation, increases apoptosis and decreases the invasive potential of the human breast carcinoma cell line MDA-MB-231." Int J Oncol **36**(3): 737-742.

Bocca, C., F. Bozzo, S. Cannito, S. Colombatto and A. Miglietta (2010). "CLA reduces breast cancer cell growth and invasion through ERalpha and PI3K/Akt pathways." Chem Biol Interact **183**(1): 187-193.

Boffetta, P., M. Hashibe, C. La Vecchia, W. Zatonski and J. Rehm (2006). "The burden of cancer attributable to alcohol drinking." Int J Cancer **119**(4): 884-887.

Bradley, M. N., C. Hong, M. Chen, S. B. Joseph, D. C. Wilpitz, X. Wang, A. J. Lusis, A. Collins, W. A. Hseuh, J. L. Collins, R. K. Tangirala and P. Tontonoz (2007). "Ligand activation of LXR beta reverses atherosclerosis and cellular cholesterol overload in mice lacking LXR alpha and apoE." J Clin Invest **117**(8): 2337-2346.

Bravi, F., L. Scotti, C. Bosetti, R. Talamini, E. Negri, M. Montella, S. Franceschi and C. La Vecchia (2006). "Self-reported history of hypercholesterolaemia and gallstones and the risk of prostate cancer." Ann Oncol **17**(6): 1014-1017.

Brooks-Wilson, A., M. Marcil, S. M. Clee, L. H. Zhang, K. Roomp, M. van Dam, L. Yu, C. Brewer, J. A. Collins, H. O. Molhuizen, O. Loubser, B. F. Ouelette, K. Fichter, K. J. Ashbourne-Excoffon, C. W. Sensen, S. Scherer, S. Mott, M. Denis, D. Martindale, J. Frohlich, K. Morgan, B. Koop, S. Pimstone, J. J. Kastelein, J. Genest, Jr. and M. R. Hayden (1999). "Mutations in ABC1 in Tangier disease and familial high-density lipoprotein deficiency." Nat Genet **22**(4): 336-345.

Brown, D. A. (2006). "Lipid rafts, detergent-resistant membranes, and raft targeting signals." Physiology (Bethesda) **21**: 430-439.

Browning, P. J., D. D. Roberts, V. Zabrenetzky, J. Bryant, M. Kaplan, R. H. Washington, A. Panet, R. C. Gallo and T. Vogel (1994). "Apolipoprotein E (ApoE), a novel heparin-binding protein inhibits the development of Kaposi's sarcoma-like lesions in BALB/c nu/nu mice." J Exp Med **180**(5): 1949-1954.

Campbell, M. J., N. Y. Tonlaar, E. R. Garwood, D. Huo, D. H. Moore, A. I. Khramtsov, A. Au, F. Baehner, Y. Chen, D. O. Malaka, A. Lin, O. O. Adeyanju, S. Li, C. Gong, M. McGrath, O. I. Olopade and L. J. Esserman (2011). "Proliferating macrophages associated with high grade, hormone receptor negative breast cancer and poor clinical outcome." Breast Cancer Res Treat **128**(3): 703-711.

Cao, G., Y. Liang, C. L. Broderick, B. A. Oldham, T. P. Beyer, R. J. Schmidt, Y. Zhang, K. R. Stayrook, C. Suen, K. A. Otto, A. R. Miller, J. Dai, P. Foxworthy, H. Gao, T. P. Ryan, X. C. Jiang, T. P. Burris, P. I. Eacho and G. J. Etgen (2003). "Antidiabetic action of a liver x receptor agonist mediated by inhibition of hepatic gluconeogenesis." J Biol Chem **278**(2): 1131-1136.

Chajes, V., F. Lavillonniere, P. Ferrari, M. L. Jourdan, M. Pinault, V. Maillard, J. L. Sebedio and P. Bougnoux (2002). "Conjugated linoleic acid content in breast adipose tissue is not associated with the relative risk of breast cancer in a population of French patients." Cancer Epidemiol Biomarkers Prev **11**(7): 672-673.

Chajes, V., F. Lavillonniere, V. Maillard, B. Giraudeau, M. L. Jourdan, J. L. Sebedio and P. Bougnoux (2003). "Conjugated linoleic acid content in breast adipose tissue of breast cancer patients and the risk of metastasis." Nutr Cancer **45**(1): 17-23.

Chamras, H., A. Ardashian, D. Heber and J. A. Glaspy (2002). "Fatty acid modulation of MCF-7 human breast cancer cell proliferation, apoptosis and differentiation." J Nutr Biochem **13**(12): 711-716.

Chen, W., G. Chen, D. L. Head, D. J. Mangelsdorf and D. W. Russell (2007). "Enzymatic reduction of oxysterols impairs LXR signaling in cultured cells and the livers of mice." Cell Metab **5**(1): 73-79.

Chen, Y. C., G. Pohl, T. L. Wang, P. J. Morin, B. Risberg, G. B. Kristensen, A. Yu, B. Davidson and M. Shih Ie (2005). "Apolipoprotein E is required for cell proliferation and survival in ovarian cancer." Cancer Res **65**(1): 331-337.

Choi, Y., Y. Park, J. M. Storkson, M. W. Pariza and J. M. Ntambi (2002). "Inhibition of stearoyl-CoA desaturase activity by the cis-9,trans-11 isomer and the trans-10,cis-12 isomer of conjugated linoleic acid in MDA-MB-231 and MCF-7 human breast cancer cells." Biochem Biophys Res Commun **294**(4): 785-790.

Chomarat, P., C. Dantin, L. Bennett, J. Banchereau and A. K. Palucka (2003). "TNF skews monocyte differentiation from macrophages to dendritic cells." J Immunol **171**(5): 2262-2269.

Chujo, H., M. Yamasaki, S. Nou, N. Koyanagi, H. Tachibana and K. Yamada (2003). "Effect of conjugated linoleic acid isomers on growth factor-induced proliferation of human breast cancer cells." Cancer Lett **202**(1): 81-87.

Chuu, C. P., R. A. Hiipakka, J. M. Kokontis, J. Fukuchi, R. Y. Chen and S. Liao (2006). "Inhibition of tumor growth and progression of LNCaP prostate cancer cells in athymic mice by androgen and liver X receptor agonist." Cancer Res **66**(13): 6482-6486.

Chuu, C. P. and H. P. Lin (2010). "Antiproliferative effect of LXR agonists T0901317 and 22(R)-hydroxycholesterol on multiple human cancer cell lines." Anticancer Res **30**(9): 3643-3648.

Clement, L., H. Poirier, I. Niot, V. Bocher, M. Guerre-Millo, S. Krief, B. Staels and P. Besnard (2002). "Dietary trans-10,cis-12 conjugated linoleic acid induces hyperinsulinemia and fatty liver in the mouse." J Lipid Res **43**(9): 1400-1409.

Coakley, M., M. C. Johnson, E. McGrath, S. Rahman, R. P. Ross, G. F. Fitzgerald, R. Devery and C. Stanton (2006). "Intestinal bifidobacteria that produce trans-9, trans-11 conjugated linoleic acid: a fatty acid with antiproliferative activity against human colon SW480 and HT-29 cancer cells." Nutr Cancer **56**(1): 95-102.

Commerford, S. R., L. Vargas, S. E. Dorfman, N. Mitro, E. C. Rocheford, P. A. Mak, X. Li, P. Kennedy, T. L. Mullarkey and E. Saez (2007). "Dissection of the insulin-sensitizing effect of liver X receptor ligands." Mol Endocrinol **21**(12): 3002-3012.

Cook, M. E., C. C. Miller, Y. Park and M. Pariza (1993). "Immune modulation by altered nutrient metabolism: nutritional control of immune-induced growth depression." Poult Sci **72**(7): 1301-1305.

Corl, B. A., D. M. Barbano, D. E. Bauman and C. Ip (2003). "cis-9, trans-11 CLA derived endogenously from trans-11 18:1 reduces cancer risk in rats." J Nutr **133**(9): 2893-2900.

Corsetto, P. A., G. Montorfano, S. Zava, I. E. Jovenitti, A. Cremona, B. Berra and A. M. Rizzo (2011). "Effects of n-3 PUFAs on breast cancer cells through their incorporation in plasma membrane." Lipids Health Dis **10**: 73.

Costet, P., Y. Luo, N. Wang and A. R. Tall (2000). "Sterol-dependent transactivation of the ABC1 promoter by the liver X receptor/retinoid X receptor." J Biol Chem **275**(36): 28240-28245.

Crisafulli, C., E. Mazzon, I. Paterniti, M. Galuppo, P. Bramanti and S. Cuzzocrea (2010). "Effects of Liver x receptor agonist treatment on signal transduction pathways in acute lung inflammation." Respir Res **11**: 19.

Dai, Q., X. O. Shu, F. Jin, Y. T. Gao, Z. X. Ruan and W. Zheng (2002). "Consumption of animal foods, cooking methods, and risk of breast cancer." Cancer Epidemiol Biomarkers Prev **11**(9): 801-808.

De Caterina, R. and M. Massaro (2005). "Omega-3 fatty acids and the regulation of expression of endothelial pro-atherogenic and pro-inflammatory genes." J Membr Biol **206**(2): 103-116.

de la Llera Moya, M., V. Atger, J. L. Paul, N. Fournier, N. Moatti, P. Giral, K. E. Friday and G. Rothblat (1994). "A cell culture system for screening human serum for ability to promote cellular cholesterol efflux. Relations between serum components and efflux, esterification, and transfer." Arterioscler Thromb **14**(7): 1056-1065.

De la Torre, A., E. Debiton, D. Durand, J. M. Chardigny, O. Berdeaux, O. Loreau, C. Barthomeuf, D. Bauchart and D. Gruffat (2005). "Conjugated linoleic acid isomers and their conjugated derivatives inhibit growth of human cancer cell lines." Anticancer Res **25**(6B): 3943-3949.

DeLany, J. P., F. Blohm, A. A. Truett, J. A. Scimeca and D. B. West (1999). "Conjugated linoleic acid rapidly reduces body fat content in mice without affecting energy intake." Am J Physiol **276**(4 Pt 2): R1172-1179.

Devlin, C. M., G. Kuriakose, E. Hirsch and I. Tabas (2002). "Genetic alterations of IL-1 receptor antagonist in mice affect plasma cholesterol level and foam cell lesion size." Proc Natl Acad Sci U S A **99**(9): 6280-6285.

Dhiman, T. R., S. H. Nam and A. L. Ure (2005). "Factors affecting conjugated linoleic acid content in milk and meat." Crit Rev Food Sci Nutr **45**(6): 463-482.

Dirat, B., L. Bochet, M. Dabek, D. Daviaud, S. Dauvillier, B. Majed, Y. Y. Wang, A. Meulle, B. Salles, S. Le Gonidec, I. Garrido, G. Escourrou, P. Valet and C. Muller (2011). "Cancer-associated adipocytes exhibit an activated phenotype and contribute to breast cancer invasion." Cancer Res **71**(7): 2455-2465.

Durgam, V. R. and G. Fernandes (1997). "The growth inhibitory effect of conjugated linoleic acid on MCF-7 cells is related to estrogen response system." Cancer Lett **116**(2): 121-130.

Duval, C., V. Touche, A. Tailleux, J. C. Fruchart, C. Fievet, V. Clavey, B. Staels and S. Lestavel (2006). "Niemann-Pick C1 like 1 gene expression is down-regulated by LXR activators in the intestine." Biochem Biophys Res Commun **340**(4): 1259-1263.

Ecker, J., G. Liebisch, W. Patsch and G. Schmitz (2009). "The conjugated linoleic acid isomer trans-9,trans-11 is a dietary occurring agonist of liver X receptor alpha." Biochem Biophys Res Commun **388**(4): 660-666.

El Roz, A., J. M. Bard, J. M. Huvelin and H. Nazih (2012). "LXR agonists and ABCG1-dependent cholesterol efflux in MCF-7 breast cancer cells: relation to proliferation and apoptosis." Anticancer Res **32**(7): 3007-3013.

Elnemr, A., T. Ohta, A. Yachie, S. Fushida, I. Ninomiya, G. I. Nishimura, M. Yamamoto, S. Ohkuma and K. Miwa (2000). "N-ethylmaleimide-enhanced phosphatidylserine externalization of human pancreatic cancer cells and immediate phosphatidylserine-mediated phagocytosis by macrophages." Int J Oncol **16**(6): 1111-1116.

Engel, T., A. Lueken, G. Bode, U. Hobohm, S. Lorkowski, B. Schlueter, S. Rust, P. Cullen, M. Pech, G. Assmann and U. Seedorf (2004). "ADP-ribosylation factor (ARF)-like 7 (ARL7) is induced by cholesterol loading and participates in apolipoprotein Al-dependent cholesterol export." FEBS Lett **566**(1-3): 241-246.

Evans, M., C. Geigerman, J. Cook, L. Curtis, B. Kuebler and M. McIntosh (2000). "Conjugated linoleic acid suppresses triglyceride accumulation and induces apoptosis in 3T3-L1 preadipocytes." Lipids **35**(8): 899-910.

Feldmann, R., A. Geikowski, C. Weidner, A. Witzke, V. Kodelja, T. Schwarz, M. Gabriel, T. Erker and S. Sauer (2013). "Foam Cell Specific LXRalpha Ligand." PLoS One **8**(2): e57311.

Forouzanfar, M. H., K. J. Foreman, A. M. Delossantos, R. Lozano, A. D. Lopez, C. J. Murray and M. Naghavi (2011). "Breast and cervical cancer in 187 countries between 1980 and 2010: a systematic analysis." Lancet **378**(9801): 1461-1484.

Fukuchi, J., R. A. Hiipakka, J. M. Kokontis, S. Hsu, A. L. Ko, M. L. Fitzgerald and S. Liao (2004). "Androgenic suppression of ATP-binding cassette transporter A1 expression in LNCaP human prostate cancer cells." Cancer Res **64**(21): 7682-7685.

Fukuchi, J., J. M. Kokontis, R. A. Hiipakka, C. P. Chuu and S. Liao (2004). "Antiproliferative effect of liver X receptor agonists on LNCaP human prostate cancer cells." Cancer Res **64**(21): 7686-7689.

Furberg, A. S., S. Espetvedt, A. Emaus, N. Khan and I. Thune (2007). "Low high-density lipoprotein cholesterol may signal breast cancer risk: recent findings and new hypotheses." Biomark Med **1**(1): 121-131.

Gage, M., D. Wattendorf and L. R. Henry (2012). "Translational advances regarding hereditary breast cancer syndromes." J Surg Oncol **105**(5): 444-451.

Gaullier, J. M., J. Halse, H. O. Hoivik, K. Hoye, C. Syvertsen, M. Nurminiemi, C. Hassfeld, A. Einerhand, M. O'Shea and O. Gudmundsen (2007). "Six months supplementation with conjugated linoleic acid induces regional-specific fat mass decreases in overweight and obese." Br J Nutr **97**(3): 550-560.

Gerber, M., A. Thiébaut, P. Astorg, F. Clavel-Chapelon and N. Combe (2005). "Dietary fat, fatty acid composition and risk of cancer." European Journal of Lipid Science and Technology **107**(7-8): 540-559.

Gillham, C. M., J. Reynolds and D. Hollywood (2007). "Predicting the response of localised oesophageal cancer to neo-adjuvant chemoradiation." World J Surg Oncol **5**: 97.

Gong, H., P. Guo, Y. Zhai, J. Zhou, H. Uppal, M. J. Jarzynka, W. C. Song, S. Y. Cheng and W. Xie (2007). "Estrogen deprivation and inhibition of breast cancer growth in vivo through activation of the orphan nuclear receptor liver X receptor." Mol Endocrinol **21**(8): 1781-1790.

Grefhorst, A., T. H. van Dijk, A. Hammer, F. H. van der Sluijs, R. Havinga, L. M. Havekes, J. A. Romijn, P. H. Groot, D. J. Reijngoud and F. Kuipers (2005). "Differential effects of pharmacological liver X receptor activation on hepatic and peripheral insulin sensitivity in lean and ob/ob mice." Am J Physiol Endocrinol Metab **289**(5): E829-838.

Griffiths, L., K. Binley, S. Iqball, O. Kan, P. Maxwell, P. Ratcliffe, C. Lewis, A. Harris, S. Kingsman and S. Naylor (2000). "The macrophage - a novel system to deliver gene therapy to pathological hypoxia." Gene Ther **7**(3): 255-262.

Griinari, J. M., B. A. Corl, S. H. Lacy, P. Y. Chouinard, K. V. Nurmela and D. E. Bauman (2000). "Conjugated linoleic acid is synthesized endogenously in lactating dairy cows by Delta(9)-desaturase." J Nutr **130**(9): 2285-2291.

Ha, M., J. Sung and Y. M. Song (2009). "Serum total cholesterol and the risk of breast cancer in postmenopausal Korean women." Cancer Causes Control **20**(7): 1055-1060.

Ha, S. A., S. M. Shin, H. K. Kim, S. Kim, H. Namkoong, Y. S. Lee, H. J. Kim, S. M. Jung, Y. J. Chung, Y. G. Park, S. S. Jung and J. W. Kim (2009). "Dual action of apolipoprotein E-interacting HCCR-1 oncoprotein and its implication for breast cancer and obesity." J Cell Mol Med **13**(9B): 3868-3875.

Ha, Y. L., N. K. Grimm and M. W. Pariza (1987). "Anticarcinogens from fried ground beef: heat-altered derivatives of linoleic acid." Carcinogenesis **8**(12): 1881-1887.

Ha, Y. L., J. Storkson and M. W. Pariza (1990). "Inhibition of benzo(a)pyrene-induced mouse forestomach neoplasia by conjugated dienoic derivatives of linoleic acid." Cancer Res **50**(4): 1097-1101.

Haimovitz-Friedman, A., C. C. Kan, D. Ehleiter, R. S. Persaud, M. McLoughlin, Z. Fuks and R. N. Kolesnick (1994). "Ionizing radiation acts on cellular membranes to generate ceramide and initiate apoptosis." J Exp Med **180**(2): 525-535.

Hall, M. N., H. Campos, H. Li, H. D. Sesso, M. J. Stampfer, W. C. Willett and J. Ma (2007). "Blood levels of long-chain polyunsaturated fatty acids, aspirin, and the risk of colorectal cancer." Cancer Epidemiol Biomarkers Prev **16**(2): 314-321.

Hao, N. B., M. H. Lu, Y. H. Fan, Y. L. Cao, Z. R. Zhang and S. M. Yang (2012). "Macrophages in tumor microenvironments and the progression of tumors." Clin Dev Immunol **2012**: 948098.

Hayek, T., J. Oiknine, J. G. Brook and M. Aviram (1994). "Role of HDL apolipoprotein E in cellular cholesterol efflux: studies in apo E knockout transgenic mice." Biochem Biophys Res Commun **205**(2): 1072-1078.

Hedelin, M., E. T. Chang, F. Wiklund, R. Bellocco, A. Klint, J. Adolfsson, K. Shahedi, J. Xu, H. O. Adami, H. Gronberg and K. A. Balter (2007). "Association of frequent consumption of fatty fish with prostate cancer risk is modified by COX-2 polymorphism." Int J Cancer **120**(2): 398-405.

Herbel, B. K., M. K. McGuire, M. A. McGuire and T. D. Shultz (1998). "Safflower oil consumption does not increase plasma conjugated linoleic acid concentrations in humans." Am J Clin Nutr **67**(2): 332-337.

Hirose, K., T. Takezaki, N. Hamajima, S. Miura and K. Tajima (2003). "Dietary factors protective against breast cancer in Japanese premenopausal and postmenopausal women." Int J Cancer **107**(2): 276-282.

House, R. L., J. P. Cassady, E. J. Eisen, T. E. Eling, J. B. Collins, S. F. Grissom and J. Odle (2005). "Functional genomic characterization of delipidation elicited by trans-10, cis-12-

conjugated linoleic acid (t10c12-CLA) in a polygenic obese line of mice." Physiol Genomics **21**(3): 351-361.

Hu, J., C. La Vecchia, M. de Groh, E. Negri, H. Morrison and L. Mery (2012). "Dietary cholesterol intake and cancer." Ann Oncol **23**(2): 491-500.

Huang, B., P. Y. Pan, Q. Li, A. I. Sato, D. E. Levy, J. Bromberg, C. M. Divino and S. H. Chen (2006). "Gr-1+CD115+ immature myeloid suppressor cells mediate the development of tumor-induced T regulatory cells and T-cell anergy in tumor-bearing host." Cancer Res **66**(2): 1123-1131.

Hubbard, N. E., D. Lim and K. L. Erickson (2003). "Effect of separate conjugated linoleic acid isomers on murine mammary tumorigenesis." Cancer Lett **190**(1): 13-19.

Ip, C., S. F. Chin, J. A. Scimeca and M. W. Pariza (1991). "Mammary cancer prevention by conjugated dienoic derivative of linoleic acid." Cancer Res **51**(22): 6118-6124.

Ip, C., M. M. Ip, T. Loftus, S. Shoemaker and W. Shea-Eaton (2000). "Induction of apoptosis by conjugated linoleic acid in cultured mammary tumor cells and premalignant lesions of the rat mammary gland." Cancer Epidemiol Biomarkers Prev **9**(7): 689-696.

Irwin, M. E., N. Bohin and J. L. Boerner (2011). "Src family kinases mediate epidermal growth factor receptor signaling from lipid rafts in breast cancer cells." Cancer Biol Ther **12**(8): 718-726.

Isoda, K., S. Sawada, M. Ayaori, T. Matsuki, R. Horai, Y. Kagata, K. Miyazaki, M. Kusuhara, M. Okazaki, O. Matsubara, Y. Iwakura and F. Ohsuzu (2005). "Deficiency of interleukin-1 receptor antagonist deteriorates fatty liver and cholesterol metabolism in hypercholesterolemic mice." J Biol Chem **280**(8): 7002-7009.

Janowski, B. A., M. J. Grogan, S. A. Jones, G. B. Wisely, S. A. Kliewer, E. J. Corey and D. J. Mangelsdorf (1999). "Structural requirements of ligands for the oxysterol liver X receptors LXRalpha and LXRbeta." Proc Natl Acad Sci U S A **96**(1): 266-271.

Janowski, B. A., P. J. Willy, T. R. Devi, J. R. Falck and D. J. Mangelsdorf (1996). "An oxysterol signalling pathway mediated by the nuclear receptor LXR alpha." Nature **383**(6602): 728-731.

Jarde, T., F. Caldefie-Chezet, M. Damez, F. Mishellany, F. Penault-Llorca, J. Guillot and M. P. Vasson (2008). "Leptin and leptin receptor involvement in cancer development: a study on human primary breast carcinoma." Oncol Rep **19**(4): 905-911.

Johnson, K. C., A. B. Miller, N. E. Collishaw, J. R. Palmer, S. K. Hammond, A. G. Salmon, K. P. Cantor, M. D. Miller, N. F. Boyd, J. Millar and F. Turcotte (2011). "Active smoking and secondhand smoke increase breast cancer risk: the report of the Canadian Expert Panel on Tobacco Smoke and Breast Cancer Risk (2009)." Tob Control **20**(1): e2.

Joseph, S. B., A. Castrillo, B. A. Laffitte, D. J. Mangelsdorf and P. Tontonoz (2003). "Reciprocal regulation of inflammation and lipid metabolism by liver X receptors." Nat Med **9**(2): 213-219.

Joseph, S. B., B. A. Laffitte, P. H. Patel, M. A. Watson, K. E. Matsukuma, R. Walczak, J. L. Collins, T. F. Osborne and P. Tontonoz (2002). "Direct and indirect mechanisms for regulation of fatty acid synthase gene expression by liver X receptors." J Biol Chem **277**(13): 11019-11025.

Joseph, S. B., E. McKilligin, L. Pei, M. A. Watson, A. R. Collins, B. A. Laffitte, M. Chen, G. Noh, J. Goodman, G. N. Hagger, J. Tran, T. K. Tippin, X. Wang, A. J. Lusis, W. A. Hsueh, R. E. Law, J. L. Collins, T. M. Willson and P. Tontonoz (2002). "Synthetic LXR ligand inhibits the development of atherosclerosis in mice." Proc Natl Acad Sci U S A **99**(11): 7604-7609.

Kamohara, S., R. Burcelin, J. L. Halaas, J. M. Friedman and M. J. Charron (1997). "Acute stimulation of glucose metabolism in mice by leptin treatment." Nature **389**(6649): 374-377.

Kang, K., W. Liu, K. J. Albright, Y. Park and M. W. Pariza (2003). "trans-10,cis-12 CLA inhibits differentiation of 3T3-L1 adipocytes and decreases PPAR gamma expression." Biochem Biophys Res Commun **303**(3): 795-799.

Kemp, M. Q., B. D. Jeffy and D. F. Romagnolo (2003). "Conjugated linoleic acid inhibits cell proliferation through a p53-dependent mechanism: effects on the expression of G1-restriction points in breast and colon cancer cells." J Nutr **133**(11): 3670-3677.

Kennedy, M. A., A. Venkateswaran, P. T. Tarr, I. Xenarios, J. Kudoh, N. Shimizu and P. A. Edwards (2001). "Characterization of the human ABCG1 gene: liver X receptor activates an internal promoter that produces a novel transcript encoding an alternative form of the protein." J Biol Chem **276**(42): 39438-39447.

Kepler, C. R., K. P. Hirons, J. J. McNeill and S. B. Tove (1966). "Intermediates and products of the biohydrogenation of linoleic acid by Butyrinvibrio fibrisolvens." J Biol Chem **241**(6): 1350-1354.

Kim, J. Y. and B. H. Chung (2003). "Effects of combination dietary conjugated linoleic acid with vitamin A (retinol) and selenium on the response of the immunoglobulin production in mice." J Vet Sci **4**(1): 103-108.

Kim, Y., S. K. Park, W. Han, D. H. Kim, Y. C. Hong, E. H. Ha, S. H. Ahn, D. Y. Noh, D. Kang and K. Y. Yoo (2009). "Serum high-density lipoprotein cholesterol and breast cancer risk by menopausal status, body mass index, and hormonal receptor in Korea." Cancer Epidemiol Biomarkers Prev **18**(2): 508-515.

Kojima, T., Y. Fujimitsu and H. Kojima (2005). "Anti-tumor activity of an antibiotic peptide derived from apoprotein E." In Vivo **19**(1): 261-264.

Krimbou, L., M. Denis, B. Haidar, M. Carrier, M. Marcil and J. Genest, Jr. (2004). "Molecular interactions between apoE and ABCA1: impact on apoE lipidation." J Lipid Res **45**(5): 839-848.

Kritchevsky, D., S. A. Tepper, S. Wright, S. K. Czarnecki, T. A. Wilson and R. J. Nicolosi (2004). "Conjugated linoleic acid isomer effects in atherosclerosis: growth and regression of lesions." Lipids **39**(7): 611-616.

Kritchevsky, D., S. A. Tepper, S. Wright, P. Tso and S. K. Czarnecki (2000). "Influence of conjugated linoleic acid (CLA) on establishment and progression of atherosclerosis in rabbits." J Am Coll Nutr **19**(4): 472S-477S.

Laffitte, B. A., L. C. Chao, J. Li, R. Walczak, S. Hummasti, S. B. Joseph, A. Castrillo, D. C. Wilpitz, D. J. Mangelsdorf, J. L. Collins, E. Saez and P. Tontonoz (2003). "Activation of liver X receptor improves glucose tolerance through coordinate regulation of glucose metabolism in liver and adipose tissue." Proc Natl Acad Sci U S A **100**(9): 5419-5424.

Laffitte, B. A., J. J. Repa, S. B. Joseph, D. C. Wilpitz, H. R. Kast, D. J. Mangelsdorf and P. Tontonoz (2001). "LXRs control lipid-inducible expression of the apolipoprotein E gene in macrophages and adipocytes." Proc Natl Acad Sci U S A **98**(2): 507-512.

Larsson, S. C., L. Bergkvist and A. Wolk (2009). "Conjugated linoleic acid intake and breast cancer risk in a prospective cohort of Swedish women." Am J Clin Nutr **90**(3): 556-560.

Lavillonniere, F., V. Chajes, J. C. Martin, J. L. Sebedio, C. Lhuillery and P. Bougnoux (2003). "Dietary purified cis-9,trans-11 conjugated linoleic acid isomer has anticarcinogenic properties in chemically induced mammary tumors in rats." Nutr Cancer **45**(2): 190-194.

Lee, A. H., L. C. Happerfield, L. G. Bobrow and R. R. Millis (1997). "Angiogenesis and inflammation in invasive carcinoma of the breast." J Clin Pathol **50**(8): 669-673.

Lee, J. H., S. M. Park, O. S. Kim, C. S. Lee, J. H. Woo, S. J. Park, E. H. Joe and I. Jou (2009). "Differential SUMOylation of LXRalpha and LXRbeta mediates transrepression of STAT1 inflammatory signaling in IFN-gamma-stimulated brain astrocytes." Mol Cell **35**(6): 806-817.

Lee, Y., J. T. Thompson and J. P. Vanden Heuvel (2009). "9E,11E-conjugated linoleic acid increases expression of the endogenous antiinflammatory factor, interleukin-1 receptor antagonist, in RAW 264.7 cells." J Nutr **139**(10): 1861-1866.

Lehmann, J. M., S. A. Kliewer, L. B. Moore, T. A. Smith-Oliver, B. B. Oliver, J. L. Su, S. S. Sundseth, D. A. Winegar, D. E. Blanchard, T. A. Spencer and T. M. Willson (1997). "Activation of the nuclear receptor LXR by oxysterols defines a new hormone response pathway." J Biol Chem **272**(6): 3137-3140.

Leroy-Dudal, J., S. Kellouche, P. Gauduchon and F. Carreiras (2008). "[Epithelial ovarian tumor microecology]." Bull Cancer **95**(9): 829-839.

Levin, N., E. D. Bischoff, C. L. Daige, D. Thomas, C. T. Vu, R. A. Heyman, R. K. Tangirala and I. G. Schulman (2005). "Macrophage liver X receptor is required for antiatherogenic activity of LXR agonists." Arterioscler Thromb Vasc Biol **25**(1): 135-142.

Liu, Y., C. Yan, Y. Wang, Y. Nakagawa, N. Nerio, A. Anghel, K. Lutfy and T. C. Friedman (2006). "Liver X receptor agonist T0901317 inhibition of glucocorticoid receptor expression in hepatocytes may contribute to the amelioration of diabetic syndrome in db/db mice." Endocrinology **147**(11): 5061-5068.

Llaverias, G., C. Danilo, I. Mercier, K. Daumer, F. Capozza, T. M. Williams, F. Sotgia, M. P. Lisanti and P. G. Frank (2011). "Role of cholesterol in the development and progression of breast cancer." Am J Pathol **178**(1): 402-412.

Lock, A. L., B. A. Corl, D. M. Barbano, D. E. Bauman and C. Ip (2004). "The anticarcinogenic effect of trans-11 18:1 is dependent on its conversion to cis-9, trans-11 CLA by delta9-desaturase in rats." J Nutr **134**(10): 2698-2704.

Lucas, M., L. M. Stuart, J. Savill and A. Lacy-Hulbert (2003). "Apoptotic cells and innate immune stimuli combine to regulate macrophage cytokine secretion." J Immunol **171**(5): 2610-2615.

Ma, D. W., C. J. Field and M. T. Clandinin (2002). "An enriched mixture of trans-10,cis-12-CLA inhibits linoleic acid metabolism and PGE2 synthesis in MDA-MB-231 cells." Nutr Cancer **44**(2): 203-212.

Magura, L., R. Blanchard, B. Hope, J. R. Beal, G. G. Schwartz and A. E. Sahmoun (2008). "Hypercholesterolemia and prostate cancer: a hospital-based case-control study." Cancer Causes Control **19**(10): 1259-1266.

Mahley, R. W. (1988). "Apolipoprotein E: cholesterol transport protein with expanding role in cell biology." Science **240**(4852): 622-630.

Majumder, B., K. W. Wahle, S. Moir, A. Schofield, S. N. Choe, A. Farquharson, I. Grant and S. D. Heys (2002). "Conjugated linoleic acids (CLAs) regulate the expression of key apoptotic genes in human breast cancer cells." FASEB J **16**(11): 1447-1449.

Masso-Welch, P. A., D. Zangani, C. Ip, M. M. Vaughan, S. Shoemaker, R. A. Ramirez and M. M. Ip (2002). "Inhibition of angiogenesis by the cancer chemopreventive agent conjugated linoleic acid." Cancer Res **62**(15): 4383-4389.

Masso-Welch, P. A., D. Zangani, C. Ip, M. M. Vaughan, S. F. Shoemaker, S. O. McGee and M. M. Ip (2004). "Isomers of conjugated linoleic acid differ in their effects on angiogenesis and survival of mouse mammary adipose vasculature." J Nutr **134**(2): 299-307.

McCann, S. E., C. Ip, M. M. Ip, M. K. McGuire, P. Muti, S. B. Edge, M. Trevisan and J. L. Freudenheim (2004). "Dietary intake of conjugated linoleic acids and risk of premenopausal and postmenopausal breast cancer, Western New York Exposures and Breast Cancer Study (WEB Study)." Cancer Epidemiol Biomarkers Prev **13**(9): 1480-1484.

McNeish, J., R. J. Aiello, D. Guyot, T. Turi, C. Gabel, C. Aldinger, K. L. Hoppe, M. L. Roach, L. J. Royer, J. de Wet, C. Broccardo, G. Chimini and O. L. Francone (2000). "High density lipoprotein deficiency and foam cell accumulation in mice with targeted disruption of ATP-binding cassette transporter-1." Proc Natl Acad Sci U S A **97**(8): 4245-4250.

Menke, J. G., K. L. Macnaul, N. S. Hayes, J. Baffic, Y. S. Chao, A. Elbrecht, L. J. Kelly, M. H. Lam, A. Schmidt, S. Sahoo, J. Wang, S. D. Wright, P. Xin, G. Zhou, D. E. Moller and C. P. Sparrow (2002). "A novel liver X receptor agonist establishes species differences in the regulation of cholesterol 7alpha-hydroxylase (CYP7a)." Endocrinology **143**(7): 2548-2558.

Miglietta, A., F. Bozzo, C. Bocca, L. Gabriel, A. Trombetta, S. Belotti and R. A. Canuto (2006). "Conjugated linoleic acid induces apoptosis in MDA-MB-231 breast cancer cells through ERK/MAPK signalling and mitochondrial pathway." Cancer Lett **234**(2): 149-157.

Miller, A., C. Stanton and R. Devery (2001). "Modulation of arachidonic acid distribution by conjugated linoleic acid isomers and linoleic acid in MCF-7 and SW480 cancer cells." Lipids **36**(10): 1161-1168.

Miner, J. L., C. A. Cederberg, M. K. Nielsen, X. Chen and C. A. Baile (2001). "Conjugated linoleic acid (CLA), body fat, and apoptosis." Obes Res **9**(2): 129-134.

Moloney, F., S. Toomey, E. Noone, A. Nugent, B. Allan, C. E. Loscher and H. M. Roche (2007). "Antidiabetic effects of cis-9, trans-11-conjugated linoleic acid may be mediated via anti-inflammatory effects in white adipose tissue." Diabetes **56**(3): 574-582.

Mooney, D., C. McCarthy and O. Belton (2012). "Effects of conjugated linoleic acid isomers on monocyte, macrophage and foam cell phenotype in atherosclerosis." Prostaglandins Other Lipid Mediat **98**(3-4): 56-62.

Moore, J. T., J. L. Collins and K. H. Pearce (2006). "The nuclear receptor superfamily and drug discovery." ChemMedChem **1**(5): 504-523.

Morales, J. R., I. Ballesteros, J. M. Deniz, O. Hurtado, J. Vivancos, F. Nombela, I. Lizasoain, A. Castrillo and M. A. Moro (2008). "Activation of liver X receptors promotes neuroprotection and reduces brain inflammation in experimental stroke." Circulation **118**(14): 1450-1459.

Mougios, V., A. Matsakas, A. Petridou, S. Ring, A. Sagredos, A. Melissopoulou, N. Tsigilis and M. Nikolaidis (2001). "Effect of supplementation with conjugated linoleic acid on human serum lipids and body fat." J Nutr Biochem **12**(10): 585-594.

Mukhtar, R. A., O. Nseyo, M. J. Campbell and L. J. Esserman (2011). "Tumor-associated macrophages in breast cancer as potential biomarkers for new treatments and diagnostics." Expert Rev Mol Diagn **11**(1): 91-100.

Mulik, R. S., J. Monkkonen, R. O. Juvonen, K. R. Mahadik and A. R. Paradkar (2012). "ApoE3 mediated polymeric nanoparticles containing curcumin: apoptosis induced in vitro anticancer activity against neuroblastoma cells." Int J Pharm **437**(1-2): 29-41.

Murff, H. J., X. O. Shu, H. Li, G. Yang, X. Wu, H. Cai, W. Wen, Y. T. Gao and W. Zheng (2011). "Dietary polyunsaturated fatty acids and breast cancer risk in Chinese women: a prospective cohort study." Int J Cancer **128**(6): 1434-1441.

Nazare, J. A., A. B. de la Perriere, F. Bonnet, M. Desage, J. Peyrat, C. Maitrepierre, C. Louche-Pelissier, J. Bruzeau, J. Goudable, T. Lassel, H. Vidal and M. Laville (2007). "Daily intake of conjugated linoleic acid-enriched yoghurts: effects on energy metabolism and adipose tissue gene expression in healthy subjects." Br J Nutr **97**(2): 273-280.

Noone, E. J., H. M. Roche, A. P. Nugent and M. J. Gibney (2002). "The effect of dietary supplementation using isomeric blends of conjugated linoleic acid on lipid metabolism in healthy human subjects." Br J Nutr **88**(3): 243-251.

O'Shea, E. F., P. D. Cotter, C. Stanton, R. P. Ross and C. Hill (2012). "Production of bioactive substances by intestinal bacteria as a basis for explaining probiotic mechanisms: bacteriocins and conjugated linoleic acid." Int J Food Microbiol **152**(3): 189-205.

Ochoa, J. J., A. J. Farquharson, I. Grant, L. E. Moffat, S. D. Heys and K. W. Wahle (2004). "Conjugated linoleic acids (CLAs) decrease prostate cancer cell proliferation: different molecular mechanisms for cis-9, trans-11 and trans-10, cis-12 isomers." Carcinogenesis **25**(7): 1185-1191.

Ogawa, J., S. Kishino, A. Ando, S. Sugimoto, K. Mihara and S. Shimizu (2005). "Production of conjugated fatty acids by lactic acid bacteria." J Biosci Bioeng **100**(4): 355-364.

Ohnuki, K., S. Haramizu, K. Ishihara and T. Fushiki (2001). "Increased energy metabolism and suppressed body fat accumulation in mice by a low concentration of conjugated linoleic acid." Biosci Biotechnol Biochem **65**(10): 2200-2204.

Orso, E., C. Broccardo, W. E. Kaminski, A. Bottcher, G. Liebisch, W. Drobnik, A. Gotz, O. Chambenoit, W. Diederich, T. Langmann, T. Spruss, M. F. Luciani, G. Rothe, K. J. Lackner, G. Chimini and G. Schmitz (2000). "Transport of lipids from golgi to plasma membrane is defective in tangier disease patients and Abc1-deficient mice." Nat Genet **24**(2): 192-196.

Ou, L., C. Ip, B. Lisafeld and M. M. Ip (2007). "Conjugated linoleic acid induces apoptosis of murine mammary tumor cells via Bcl-2 loss." Biochem Biophys Res Commun **356**(4): 1044-1049.

Pariza, M. W. and W. A. Hargraves (1985). "A beef-derived mutagenesis modulator inhibits initiation of mouse epidermal tumors by 7,12-dimethylbenz[a]anthracene." Carcinogenesis **6**(4): 591-593.

Park, M. C., Y. J. Kwon, S. J. Chung, Y. B. Park and S. K. Lee (2010). "Liver X receptor agonist prevents the evolution of collagen-induced arthritis in mice." Rheumatology (Oxford) **49**(5): 882-890.

Park, Y., K. J. Albright, W. Liu, J. M. Storkson, M. E. Cook and M. W. Pariza (1997). "Effect of conjugated linoleic acid on body composition in mice." Lipids **32**(8): 853-858.

Parodi, P. W. (1997). "Cows' milk fat components as potential anticarcinogenic agents." J Nutr **127**(6): 1055-1060.

Parodi, P. W. (1999). "Conjugated linoleic acid and other anticarcinogenic agents of bovine milk fat." J Dairy Sci **82**(6): 1339-1349.

Pasche, B. (2010). "Cancer genetics. Introduction." Cancer Treat Res **155**: xi-xii.

Paulus, P., E. R. Stanley, R. Schafer, D. Abraham and S. Aharinejad (2006). "Colony-stimulating factor-1 antibody reverses chemoresistance in human MCF-7 breast cancer xenografts." Cancer Res **66**(8): 4349-4356.

Peet, D. J., S. D. Turley, W. Ma, B. A. Janowski, J. M. Lobaccaro, R. E. Hammer and D. J. Mangelsdorf (1998). "Cholesterol and bile acid metabolism are impaired in mice lacking the nuclear oxysterol receptor LXR alpha." Cell **93**(5): 693-704.

Pencheva, N., H. Tran, C. Buss, D. Huh, M. Drobnjak, K. Busam and S. F. Tavazoie (2012). "Convergent multi-miRNA targeting of ApoE drives LRP1/LRP8-dependent melanoma metastasis and angiogenesis." Cell **151**(5): 1068-1082.

Petridou, A., V. Mougios and A. Sagredos (2003). "Supplementation with CLA: isomer incorporation into serum lipids and effect on body fat of women." Lipids **38**(8): 805-811.

Pietras, K. and A. Ostman (2010). "Hallmarks of cancer: interactions with the tumor stroma." Exp Cell Res **316**(8): 1324-1331.

Plat, J., J. A. Nichols and R. P. Mensink (2005). "Plant sterols and stanols: effects on mixed micellar composition and LXR (target gene) activation." J Lipid Res **46**(11): 2468-2476.

Platz, E. A., M. F. Leitzmann, K. Visvanathan, E. B. Rimm, M. J. Stampfer, W. C. Willett and E. Giovannucci (2006). "Statin drugs and risk of advanced prostate cancer." J Natl Cancer Inst **98**(24): 1819-1825.

Plump, A. S., J. D. Smith, T. Hayek, K. Aalto-Setala, A. Walsh, J. G. Verstuyft, E. M. Rubin and J. L. Breslow (1992). "Severe hypercholesterolemia and atherosclerosis in apolipoprotein E-deficient mice created by homologous recombination in ES cells." Cell **71**(2): 343-353.

Poirier, H., C. Rouault, L. Clement, I. Niot, M. C. Monnot, M. Guerre-Millo and P. Besnard (2005). "Hyperinsulinaemia triggered by dietary conjugated linoleic acid is associated with a decrease in leptin and adiponectin plasma levels and pancreatic beta cell hyperplasia in the mouse." Diabetologia **48**(6): 1059-1065.

Poirier, H., J. S. Shapiro, R. J. Kim and M. A. Lazar (2006). "Nutritional supplementation with trans-10, cis-12-conjugated linoleic acid induces inflammation of white adipose tissue." Diabetes **55**(6): 1634-1641.

Pommier, A. J., G. Alves, E. Viennois, S. Bernard, Y. Communal, B. Sion, G. Marceau, C. Damon, K. Mouzat, F. Caira, S. Baron and J. M. Lobaccaro (2010). "Liver X Receptor activation downregulates AKT survival signaling in lipid rafts and induces apoptosis of prostate cancer cells." Oncogene **29**(18): 2712-2723.

Putz, E. F. and D. N. Mannel (1995). "Monocyte activation by tumour cells: a role for carbohydrate structures associated with CD2." Scand J Immunol **41**(1): 77-84.

Qin, H., Y. Liu, N. Lu, Y. Li and C. H. Sun (2009). "cis-9,trans-11-Conjugated linoleic acid activates AMP-activated protein kinase in attenuation of insulin resistance in C2C12 myotubes." J Agric Food Chem **57**(10): 4452-4458.

Radhakrishnan, A., Y. Ikeda, H. J. Kwon, M. S. Brown and J. L. Goldstein (2007). "Sterol-regulated transport of SREBPs from endoplasmic reticulum to Golgi: oxysterols block transport by binding to Insig." Proc Natl Acad Sci U S A **104**(16): 6511-6518.

Renehan, A. G., J. Frystyk and A. Flyvbjerg (2006). "Obesity and cancer risk: the role of the insulin-IGF axis." Trends Endocrinol Metab **17**(8): 328-336.

Repa, J. J., K. E. Berge, C. Pomajzl, J. A. Richardson, H. Hobbs and D. J. Mangelsdorf (2002). "Regulation of ATP-binding cassette sterol transporters ABCG5 and ABCG8 by the liver X receptors alpha and beta." J Biol Chem **277**(21): 18793-18800.

Repa, J. J. and D. J. Mangelsdorf (2000). "The role of orphan nuclear receptors in the regulation of cholesterol homeostasis." Annu Rev Cell Dev Biol **16**: 459-481.

Repa, J. J., S. D. Turley, J. A. Lobaccaro, J. Medina, L. Li, K. Lustig, B. Shan, R. A. Heyman, J. M. Dietschy and D. J. Mangelsdorf (2000). "Regulation of absorption and ABC1-mediated efflux of cholesterol by RXR heterodimers." Science **289**(5484): 1524-1529.

Riserus, U., B. Vessby, P. Arner and B. Zethelius (2004). "Supplementation with trans10cis12-conjugated linoleic acid induces hyperproinsulinaemia in obese men: close association with impaired insulin sensitivity." Diabetologia **47**(6): 1016-1019.

Ritzenthaler, K. L., M. K. McGuire, R. Falen, T. D. Shultz, N. Dasgupta and M. A. McGuire (2001). "Estimation of conjugated linoleic acid intake by written dietary assessment methodologies underestimates actual intake evaluated by food duplicate methodology." J Nutr **131**(5): 1548-1554.

Robinson, S. C., K. A. Scott, J. L. Wilson, R. G. Thompson, A. E. Proudfoot and F. R. Balkwill (2003). "A chemokine receptor antagonist inhibits experimental breast tumor growth." Cancer Res **63**(23): 8360-8365.

Roche, H. M., E. Noone, C. Sewter, S. Mc Bennett, D. Savage, M. J. Gibney, S. O'Rahilly and A. J. Vidal-Puig (2002). "Isomer-dependent metabolic effects of conjugated linoleic acid: insights from molecular markers sterol regulatory element-binding protein-1c and LXRalpha." Diabetes **51**(7): 2037-2044.

Ronco, A. L., E. De Stefani and M. Stoll (2010). "Hormonal and metabolic modulation through nutrition: towards a primary prevention of breast cancer." Breast **19**(5): 322-332.

Rose, D. P. and J. M. Connolly (2000). "Regulation of tumor angiogenesis by dietary fatty acids and eicosanoids." Nutr Cancer **37**(2): 119-127.

Rough, J. J., M. A. Monroy, S. Yerrum and J. M. Daly (2010). "Anti-proliferative effect of LXR agonist T0901317 in ovarian carcinoma cells." J Ovarian Res **3**: 13.

Ruan, B., W. K. Wilson and G. J. Schroepfer, Jr. (1998). "An alternative synthesis of 4,4-dimethyl-5 alpha-cholesta-8,14,24-trien-3 beta-ol, an intermediate in sterol biosynthesis and a reported activator of meiosis and of nuclear orphan receptor LXR alpha." Bioorg Med Chem Lett **8**(3): 233-236.

Sabatino, M., S. Kim-Schulze, M. C. Panelli, D. Stroncek, E. Wang, B. Taback, D. W. Kim, G. Deraffele, Z. Pos, F. M. Marincola and H. L. Kaufman (2009). "Serum vascular endothelial growth factor and fibronectin predict clinical response to high-dose interleukin-2 therapy." J Clin Oncol **27**(16): 2645-2652.

Sabol, S. L., H. B. Brewer, Jr. and S. Santamarina-Fojo (2005). "The human ABCG1 gene: identification of LXR response elements that modulate expression in macrophages and liver." J Lipid Res **46**(10): 2151-2167.

Sakamaki, T., Y. Imai and T. Irimura (1995). "Enhancement in accessibility to macrophages by modification of mucin-type carbohydrate chains on a tumor cell line: role of a C-type lectin of macrophages." J Leukoc Biol **57**(3): 407-414.

Santora, J. E., D. L. Palmquist and K. L. Roehrig (2000). "Trans-vaccenic acid is desaturated to conjugated linoleic acid in mice." J Nutr **130**(2): 208-215.

Sasso, G. L., F. Bovenga, S. Murzilli, L. Salvatore, G. Di Tullio, N. Martelli, A. D'Orazio, S. Rainaldi, M. Vacca, A. Mangia, G. Palasciano and A. Moschetta (2013). "Liver X Receptors Inhibit Proliferation of Human Colorectal Cancer Cells and Growth of Intestinal Tumors in Mice." Gastroenterology.

Satoh, T., T. Saika, S. Ebara, N. Kusaka, T. L. Timme, G. Yang, J. Wang, V. Mouraviev, G. Cao, M. A. Fattah el and T. C. Thompson (2003). "Macrophages transduced with an adenoviral vector expressing interleukin 12 suppress tumor growth and metastasis in a preclinical metastatic prostate cancer model." Cancer Res **63**(22): 7853-7860.

Schonberg, S. and H. E. Krokan (1995). "The inhibitory effect of conjugated dienoic derivatives (CLA) of linoleic acid on the growth of human tumor cell lines is in part due to increased lipid peroxidation." Anticancer Res **15**(4): 1241-1246.

Schultz, J. R., H. Tu, A. Luk, J. J. Repa, J. C. Medina, L. Li, S. Schwendner, S. Wang, M. Thoolen, D. J. Mangelsdorf, K. D. Lustig and B. Shan (2000). "Role of LXRs in control of lipogenesis." Genes Dev **14**(22): 2831-2838.

Scoles, D. R., X. Xu, H. Wang, H. Tran, B. Taylor-Harding, A. Li and B. Y. Karlan (2010). "Liver X receptor agonist inhibits proliferation of ovarian carcinoma cells stimulated by oxidized low density lipoprotein." Gynecol Oncol **116**(1): 109-116.

Serini, S., E. Piccioni, N. Merendino and G. Calviello (2009). "Dietary polyunsaturated fatty acids as inducers of apoptosis: implications for cancer." Apoptosis **14**(2): 135-152.

Shannon, J., L. S. Cook and J. L. Stanford (2003). "Dietary intake and risk of postmenopausal breast cancer (United States)." Cancer Causes Control **14**(1): 19-27.

Shannon, J., S. Tewoderos, M. Garzotto, T. M. Beer, R. Derenick, A. Palma and P. E. Farris (2005). "Statins and prostate cancer risk: a case-control study." Am J Epidemiol **162**(4): 318-325.

Sironi, L., N. Mitro, M. Cimino, P. Gelosa, U. Guerrini, E. Tremoli and E. Saez (2008). "Treatment with LXR agonists after focal cerebral ischemia prevents brain damage." FEBS Lett **582**(23-24): 3396-3400.

Solinas, G., G. Germano, A. Mantovani and P. Allavena (2009). "Tumor-associated macrophages (TAM) as major players of the cancer-related inflammation." J Leukoc Biol **86**(5): 1065-1073.

Song, C., J. M. Kokontis, R. A. Hiipakka and S. Liao (1994). "Ubiquitous receptor: a receptor that modulates gene activation by retinoic acid and thyroid hormone receptors." Proc Natl Acad Sci U S A **91**(23): 10809-10813.

Souidi, M., S. Dubrac, M. Parquet, D. H. Volle, J. M. Lobaccaro, D. Mathe, O. Combes, P. Scanff, C. Lutton and J. Aigueperse (2004). "[Oxysterols: metabolism, biological role and associated diseases]." Gastroenterol Clin Biol **28**(3): 279-293.

Soule, H. D., J. Vazguez, A. Long, S. Albert and M. Brennan (1973). "A human cell line from a pleural effusion derived from a breast carcinoma." J Natl Cancer Inst **51**(5): 1409-1416.

Strohmaier, S., M. Edlinger, J. Manjer, T. Stocks, T. Bjorge, W. Borena, C. Haggstrom, A. Engeland, G. Nagel, M. Almquist, R. Selmer, S. Tretli, H. Concin, G. Hallmans, H. Jonsson, P. Stattin and H. Ulmer (2013). "Total serum cholesterol and cancer incidence in the metabolic syndrome and cancer project (me-can)." PLoS One **8**(1): e54242.

Stulnig, T. M., K. R. Steffensen, H. Gao, M. Reimers, K. Dahlman-Wright, G. U. Schuster and J. A. Gustafsson (2002). "Novel roles of liver X receptors exposed by gene expression profiling in liver and adipose tissue." Mol Pharmacol **62**(6): 1299-1305.

Su, W. P., Y. T. Chen, W. W. Lai, C. C. Lin, J. J. Yan and W. C. Su (2011). "Apolipoprotein E expression promotes lung adenocarcinoma proliferation and migration and as a potential survival marker in lung cancer." Lung Cancer **71**(1): 28-33.

Sugano, M., A. Tsujita, M. Yamasaki, M. Noguchi and K. Yamada (1998). "Conjugated linoleic acid modulates tissue levels of chemical mediators and immunoglobulins in rats." Lipids **33**(5): 521-527.

Sun, H., Y. Hu, Z. Gu, R. T. Owens, Y. Q. Chen and I. J. Edwards (2011). "Omega-3 fatty acids induce apoptosis in human breast cancer cells and mouse mammary tissue through syndecan-1 inhibition of the MEK-Erk pathway." Carcinogenesis **32**(10): 1518-1524.

Talukdar, S. and F. B. Hillgartner (2006). "The mechanism mediating the activation of acetyl-coenzyme A carboxylase-alpha gene transcription by the liver X receptor agonist T0-901317." J Lipid Res **47**(11): 2451-2461.

Tangirala, R. K., E. D. Bischoff, S. B. Joseph, B. L. Wagner, R. Walczak, B. A. Laffitte, C. L. Daige, D. Thomas, R. A. Heyman, D. J. Mangelsdorf, X. Wang, A. J. Lusis, P. Tontonoz and I. G. Schulman (2002). "Identification of macrophage liver X receptors as inhibitors of atherosclerosis." Proc Natl Acad Sci U S A **99**(18): 11896-11901.

Taniguchi, H., Y. Shimada, K. Sawachi, K. Hirota, H. Inagawa, C. Kohchi, G. Soma, K. Makino and H. Terada (2010). "Lipopolysaccharide-activated alveolar macrophages having cytotoxicity toward lung tumor cells through cell-to-cell binding-dependent mechanism." Anticancer Res **30**(8): 3159-3165.

Tanmahasamut, P., J. Liu, L. B. Hendry and N. Sidell (2004). "Conjugated linoleic acid blocks estrogen signaling in human breast cancer cells." J Nutr **134**(3): 674-680.

Tartour, E., J. Y. Blay, T. Dorval, B. Escudier, V. Mosseri, J. Y. Douillard, L. Deneux, I. Gorin, S. Negrier, C. Mathiot, P. Pouillart and W. H. Fridman (1996). "Predictors of clinical response to interleukin-2--based immunotherapy in melanoma patients: a French multiinstitutional study." J Clin Oncol **14**(5): 1697-1703.

Terasaka, N., A. Hiroshima, T. Koieyama, N. Ubukata, Y. Morikawa, D. Nakai and T. Inaba (2003). "T-0901317, a synthetic liver X receptor ligand, inhibits development of atherosclerosis in LDL receptor-deficient mice." FEBS Lett **536**(1-3): 6-11.

Thomas Yeung, C. H., L. Yang, Y. Huang, J. Wang and Z. Y. Chen (2000). "Dietary conjugated linoleic acid mixture affects the activity of intestinal acyl coenzyme A: cholesterol acyltransferase in hamsters." Br J Nutr **84**(6): 935-941.

Thompson, H., Z. Zhu, S. Banni, K. Darcy, T. Loftus and C. Ip (1997). "Morphological and biochemical status of the mammary gland as influenced by conjugated linoleic acid: implication for a reduction in mammary cancer risk." Cancer Res **57**(22): 5067-5072.

Tiwary, R., W. Yu, L. A. deGraffenried, B. G. Sanders and K. Kline (2011). "Targeting cholesterol-rich microdomains to circumvent tamoxifen-resistant breast cancer." Breast Cancer Res **13**(6): R120.

Toomey, S., B. Harhen, H. M. Roche, D. Fitzgerald and O. Belton (2006). "Profound resolution of early atherosclerosis with conjugated linoleic acid." Atherosclerosis **187**(1): 40-49.

Torocsik, D., A. Szanto and L. Nagy (2009). "Oxysterol signaling links cholesterol metabolism and inflammation via the liver X receptor in macrophages." Mol Aspects Med **30**(3): 134-152.

Truitt, A., G. McNeill and J. Y. Vanderhoek (1999). "Antiplatelet effects of conjugated linoleic acid isomers." Biochim Biophys Acta **1438**(2): 239-246.

Tsuboyama-Kasaoka, N., M. Takahashi, K. Tanemura, H. J. Kim, T. Tange, H. Okuyama, M. Kasai, S. Ikemoto and O. Ezaki (2000). "Conjugated linoleic acid supplementation reduces adipose tissue by apoptosis and develops lipodystrophy in mice." Diabetes **49**(9): 1534-1542.

Tsuchiya, S., M. Yamabe, Y. Yamaguchi, Y. Kobayashi, T. Konno and K. Tada (1980). "Establishment and characterization of a human acute monocytic leukemia cell line (THP-1)." Int J Cancer **26**(2): 171-176.

Turpeinen, A. M., M. Mutanen, A. Aro, I. Salminen, S. Basu, D. L. Palmquist and J. M. Griinari (2002). "Bioconversion of vaccenic acid to conjugated linoleic acid in humans." Am J Clin Nutr **76**(3): 504-510.

Utsugi, T., A. J. Schroit, J. Connor, C. D. Bucana and I. J. Fidler (1991). "Elevated expression of phosphatidylserine in the outer membrane leaflet of human tumor cells and recognition by activated human blood monocytes." Cancer Res **51**(11): 3062-3066.

Vaisman, B. L., G. Lambert, M. Amar, C. Joyce, T. Ito, R. D. Shamburek, W. J. Cain, J. Fruchart-Najib, E. D. Neufeld, A. T. Remaley, H. B. Brewer, Jr. and S. Santamarina-Fojo

(2001). "ABCA1 overexpression leads to hyperalphalipoproteinemia and increased biliary cholesterol excretion in transgenic mice." J Clin Invest **108**(2): 303-309.

Vedin, L. L., S. A. Lewandowski, P. Parini, J. A. Gustafsson and K. R. Steffensen (2009). "The oxysterol receptor LXR inhibits proliferation of human breast cancer cells." Carcinogenesis **30**(4): 575-579.

Viennois, E., K. Mouzat, J. Dufour, L. Morel, J. M. Lobaccaro and S. Baron (2012). "Selective liver X receptor modulators (SLiMs): what use in human health?" Mol Cell Endocrinol **351**(2): 129-141.

Vigushin, D. M., Y. Dong, L. Inman, N. Peyvandi, J. P. Alao, C. Sun, S. Ali, E. J. Niesor, C. L. Bentzen and R. C. Coombes (2004). "The nuclear oxysterol receptor LXRalpha is expressed in the normal human breast and in breast cancer." Med Oncol **21**(2): 123-131.

Visonneau, S., A. Cesano, S. A. Tepper, J. A. Scimeca, D. Santoli and D. Kritchevsky (1997). "Conjugated linoleic acid suppresses the growth of human breast adenocarcinoma cells in SCID mice." Anticancer Res **17**(2A): 969-973.

Vogel, T., N. H. Guo, R. Guy, N. Drezlich, H. C. Krutzsch, D. A. Blake, A. Panet and D. D. Roberts (1994). "Apolipoprotein E: a potent inhibitor of endothelial and tumor cell proliferation." J Cell Biochem **54**(3): 299-308.

von Haefen, C., T. Wieder, B. Gillissen, L. Starck, V. Graupner, B. Dorken and P. T. Daniel (2002). "Ceramide induces mitochondrial activation and apoptosis via a Bax-dependent pathway in human carcinoma cells." Oncogene **21**(25): 4009-4019.

Voorrips, L. E., H. A. Brants, A. F. Kardinaal, G. J. Hiddink, P. A. van den Brandt and R. A. Goldbohm (2002). "Intake of conjugated linoleic acid, fat, and other fatty acids in relation to postmenopausal breast cancer: the Netherlands Cohort Study on Diet and Cancer." Am J Clin Nutr **76**(4): 873-882.

Wallace, R. J., N. McKain, K. J. Shingfield and E. Devillard (2007). "Isomers of conjugated linoleic acids are synthesized via different mechanisms in ruminal digesta and bacteria." J Lipid Res **48**(10): 2247-2254.

Wang, L. S., Y. W. Huang, S. Liu, P. Yan and Y. C. Lin (2008). "Conjugated linoleic acid induces apoptosis through estrogen receptor alpha in human breast tissue." BMC Cancer **8**: 208.

Wang, L. S., Y. W. Huang, Y. Sugimoto, S. Liu, H. L. Chang, W. Ye, S. Shu and Y. C. Lin (2005). "Effects of human breast stromal cells on conjugated linoleic acid (CLA) modulated vascular endothelial growth factor-A (VEGF-A) expression in MCF-7 cells." Anticancer Res **25**(6B): 4061-4068.

Wang, N., D. Lan, W. Chen, F. Matsuura and A. R. Tall (2004). "ATP-binding cassette transporters G1 and G4 mediate cellular cholesterol efflux to high-density lipoproteins." Proc Natl Acad Sci U S A **101**(26): 9774-9779.

Wang, Y., B. Kurdi-Haidar and J. F. Oram (2004). "LXR-mediated activation of macrophage stearoyl-CoA desaturase generates unsaturated fatty acids that destabilize ABCA1." J Lipid Res **45**(5): 972-980.

Watanabe, Y., S. Jiang, W. Takabe, R. Ohashi, T. Tanaka, Y. Uchiyama, K. Katsumi, H. Iwanari, N. Noguchi, M. Naito, T. Hamakubo and T. Kodama (2005). "Expression of the LXRalpha protein in human atherosclerotic lesions." Arterioscler Thromb Vasc Biol **25**(3): 622-627.

Weiner, L. M., M. V. Dhodapkar and S. Ferrone (2009). "Monoclonal antibodies for cancer immunotherapy." Lancet **373**(9668): 1033-1040.

Wendel, A. A., A. Purushotham, L. F. Liu and M. A. Belury (2008). "Conjugated linoleic acid fails to worsen insulin resistance but induces hepatic steatosis in the presence of leptin in ob/ob mice." J Lipid Res **49**(1): 98-106.

West, D. B., J. P. Delany, P. M. Camet, F. Blohm, A. A. Truett and J. Scimeca (1998). "Effects of conjugated linoleic acid on body fat and energy metabolism in the mouse." Am J Physiol **275**(3 Pt 2): R667-672.

Willy, P. J., K. Umesono, E. S. Ong, R. M. Evans, R. A. Heyman and D. J. Mangelsdorf (1995). "LXR, a nuclear receptor that defines a distinct retinoid response pathway." Genes Dev **9**(9): 1033-1045.

Wouters, K., R. Shiri-Sverdlov, P. J. van Gorp, M. van Bilsen and M. H. Hofker (2005). "Understanding hyperlipidemia and atherosclerosis: lessons from genetically modified apoe and ldlr mice." Clin Chem Lab Med **43**(5): 470-479.

Yamasaki, M., H. Chujo, A. Hirao, N. Koyanagi, T. Okamoto, N. Tojo, A. Oishi, T. Iwata, Y. Yamauchi-Sato, T. Yamamoto, K. Tsutsumi, H. Tachibana and K. Yamada (2003). "Immunoglobulin and cytokine production from spleen lymphocytes is modulated in C57BL/6J mice by dietary cis-9, trans-11 and trans-10, cis-12 conjugated linoleic acid." J Nutr **133**(3): 784-788.

Yamasaki, M., K. Kishihara, K. Mansho, Y. Ogino, M. Kasai, M. Sugano, H. Tachibana and K. Yamada (2000). "Dietary conjugated linoleic acid increases immunoglobulin productivity of Sprague-Dawley rat spleen lymphocytes." Biosci Biotechnol Biochem **64**(10): 2159-2164.

Yang, C., J. G. McDonald, A. Patel, Y. Zhang, M. Umetani, F. Xu, E. J. Westover, D. F. Covey, D. J. Mangelsdorf, J. C. Cohen and H. H. Hobbs (2006). "Sterol intermediates from cholesterol biosynthetic pathway as liver X receptor ligands." J Biol Chem **281**(38): 27816-27826.

Yang, S. C., R. K. Batra, S. Hillinger, K. L. Reckamp, R. M. Strieter, S. M. Dubinett and S. Sharma (2006). "Intrapulmonary administration of CCL21 gene-modified dendritic cells reduces tumor burden in spontaneous murine bronchoalveolar cell carcinoma." Cancer Res **66**(6): 3205-3213.

Zhang, S. H., R. L. Reddick, J. A. Piedrahita and N. Maeda (1992). "Spontaneous hypercholesterolemia and arterial lesions in mice lacking apolipoprotein E." Science **258**(5081): 468-471.

Zhang, W. Y., P. M. Gaynor and H. S. Kruth (1996). "Apolipoprotein E produced by human monocyte-derived macrophages mediates cholesterol efflux that occurs in the absence of added cholesterol acceptors." J Biol Chem **271**(45): 28641-28646.

Annexes – Fiches Techniques

Fiche technique 1 : Culture cellulaire

1. Lignée MCF-7

C'est la lignée tumorale mammaire la plus utilisée dans les laboratoires de recherche. Elle doit son nom à Michigan Cancer Foundation-7, qui est l'institut où la lignée a été établie en culture *in vitro* en 1973 au septième essai à partir d'une patiente âgée de 69 ans et atteinte d'un cancer du sein métastatique (Soule *et al.* 1973). Il s'agit d'un cancer de type canalaire invasif dont les cellules sont originaires de l'épanchement pleural prélevé chez la patiente en question. La principale caractéristique de cette lignée est qu'elle exprime les récepteurs aux œstrogènes et a donc une réponse proliférative aux œstrogènes. On parle d'une lignée ER+ (Estrogen Receptors – positive).

Les cellules sont maintenues dans le milieu de culture Dulbecco's Modified Eagle's Medium (DMEM) supplémenté avec du sérum de veau fœtal (SVF) à 10%, de glutamine à 1% et en antibiotiques Pénicilline/Streptomycine à 1%. Elles sont incubées à 37°C sous une atmosphère 5% CO_2. Les cellules MCF-7 sont des cellules adhérentes, et doivent être décollées avec la trypsine-EDTA avant les ensemencements et les repiquages.

1.1. Traitement à la trypsine / Repiquage des cellules MCF-7

- Retirer le milieu de culture (DMEM / 10% SVF) de la flasque de 75 cm².
- Rincer la flasque avec du PBS pour éliminer les résidus de SVF qui pourraient inhiber l'action de la trypsine.
- Ajouter 1,5 mL de trypsine-EDTA et répartir sur toute la surface de la flasque.
- Incuber 2-3 min à 37°C pour optimiser l'activité de l'enzyme.
- Ajouter 8,5 mL de DMEM/10% SVF pour inhiber la réaction de la trypsine et pour homogénéiser les cellules en suspension.
- Faire un comptage sur cellule de Malassez.
- Centrifuger la suspension cellulaire pendant 5 minutes à 800 rpm.

- Retirer le surnageant et resuspendre le culot dans un volume de milieu de culture selon les besoins de dilution.
- Ajouter du milieu de culture dans la flasque qsp 12 mL.

2. Lignée THP-1

Ce sont des cellules dérivées du sang périphérique d'un patient atteint d'une leucémie aigue monocytaire (Tsuchiya et al. 1980). En culture, il s'agit de cellules en suspension pouvant se différencier en macrophages adhérentes après incubation avec le phorbol 12-myristate 13-acetate (PMA) (Auwerx *et al.* 1988).

Les cellules sont maintenues dans le milieu de culture Roswell Park Memorial Institute medium (RPMI) 1640 supplémenté avec du SVF à 10%, de glutamine à 1% et en antibiotiques Pénicilline/Streptomycine à 1%. Elles sont incubées à 37°C sous une atmosphère 5% CO_2. Lorsqu'elles sont à 80 – 90% de confluence, la suspension cellulaire et récupérée et les cellules sont centrifugées pendant 5min à 800 rpm, puis diluées dans la flasque de façon à avoir une concentration finale supérieure à 3.10^5 cellules/mL.

La différenciation des cellules THP-1 en macrophages adhérentes est réalisée dans des plaques grâce au phorbol 12-myristate 13-acetate (PMA). Trois jours avant un traitement avec les agonistes de LXR ou avec les CLA, ou avant une transfection avec les siRNA, les cellules sont incubées avec du PMA 100 nM. Une fois les cellules différenciées, le milieu est retiré et remplacé par les milieux contenant soit les agonistes de LXR, soit les siRNA.

Fiche technique 2 : Transfection siRNA

1. Principe

Il existe des séquences dans l'ARN messager (ARNm) qui sont complémentaires et qui forment une boucle et donc un ARNm double brin. Cette configuration est reconnue par l'enzyme DICER qui va couper l'ARN de façon asymétrique pour donner deux segments d'ARN simple brin de 20 à 21 nucléotides. Le complexe RISC composé d'une protéine de la famille des Argonautes (Ago) et d'une hélicase, va se lier aux segments d'ARN appariés pour les séparer en simple brin, en ne gardant que le brin complémentaire à l'ARNm cible, l'autre sera quand à lui dégradé. Le complexe RISC-siRNA activé, peut se fixer l'ARNm complémentaire au siRNA induisant soit sa dégradation soit un blocage temporaire de la traduction.

2. Protocole

Précaution : gants, solutions RNase free et manipuler en conditions stériles.

- Le jour de la transfection il faut 2 à 5.10^5 cellules/puit (environ 60 à 80% confluentes) de cellules THP-1 différenciées en plaque 6 puits.
- Pour chaque puit : mélanger 5 µL siRNA à 500 µL d'Opti-MEM et 10 µL de Lipofectamine. (Les volumes correspondent à une transfection de siRNA à 10nM)
- Incuber 20-30 minutes à température ambiante.
- Retirer le milieu de culture et laver au PBS.
- Ajouter 1.485mL de RPMI + 1% Glutamine (sans SVF et sans antibiotiques)
- Ajouter tout le mélange (siRNA + Opti-MEM + lipofectamine) aux cellules THP-1.
- Incuber 14 à 24h à 37°C 5% CO_2.
- Retirer le surnageant des cellules.
- Laver au PBS
- Mettre du milieu de culture RPMI+ 10% SVF + % PS + 1% Glutamine.
- Incuber 24h à 37°C 5% CO_2 (obtenir du milieu sans lipofectamine).
- Récupérer les surnageants et congeler à -80°C pour des utilisations ultérieurs.

Fiche technique 3 : Test MTT

1. Principe

Le réactif utilisé est le sel de tétrazolium MTT (bromure de 3-(4,5-dimethylthiazol-2-yl)-2,5-diphenyl tetrazolium) qui est réduit, par la succinate déshydrogénase mitochondriale des cellules vivantes actives, en formazan, un précipité de couleur violette. La quantité de précipité formée est proportionnelle à la quantité de cellules vivantes (mais également à l'activité métabolique de chaque cellule). Les précipités de formazan violets formés sont dissous dans du DMSO (diméthylsulfoxyde). Un simple dosage de la densité optique à 570 nm permet de connaître la quantité relative de cellules vivantes et actives métaboliquement.

2. Protocole

- Ensemencer les cellules MCF-7 dans des plaques 96 puits à 10 000 cellules pour un volume final de 200 µL DMEM / 10% SVF par puit.
- Laisser les cellules adhérer pendant la nuit.
- Retrier les milieux DMEM / SVF puis rajouter les divers traitements (T0901317 à 20 µM, 22(R)-HC à 2 µg/mL ou isomères CLA à 50 µM dans DMEM / 0,1% BSA) ou les surnageants THP-1 conditionnés, avec un volume final de 200 µL par puit.
- Incuber pendant 24 et/ou 48 heures à 37°C.
- Retirer 100µL de milieu, ajouter 50µL de MTT (à 2.5mg/mL) dans chaque puit et laisser Incuber 4h à 37°C.
- Ajouter 200µL de DMSO à chaque puit et bien homogénéiser. La lecture se fait à 570nm dans un spectrophotomètre.

Fiche technique 4 : Evaluation de la mort cellulaire par marquage au 7-AAD

1. Principe

Le 7-AAD (7-Aminoactinomycin D) est un agent fluorescent qui s'intercale dans l'ADN double brin lorsque les membranes des cellules sont rompues ou perméabilisées. De ce fait on peut utiliser le marquage au 7-AAD pour évaluer la viabilité cellulaire sachant que juste les cellules apoptotiques émettront une fluorescence.

2. Protocole

- Ensemencer les cellules MCF-7 dans des plaques 96 puits à 10 000 cellules pour un volume final de 200 µL DMEM / 10% SVF par puit.
- Laisser les cellules adhérer pendant la nuit.
- Retrier les milieux DMEM / SVF puis rajouter les divers traitements (T0901317 à 20 µM, 22(R)-HC à 2 µg/mL ou isomères CLA à 50 µM dans DMEM / 0,1% BSA) ou les surnageants THP-1 conditionnés, avec un volume final de 200 µL par puit.
- Incuber pendant 24 et/ou 48 heures à 37°C.
- Retirer le surnageant de culture puis laver les cellules avec 50 µL de PBS par puit.
- Ajouter 50 µL de trypsine par puit et incuber 5 minutes à 37°C.
- Ajouter 150 µL de DMEM 10% SVF 1% PS et 1% Glutamine.
- Dans une nouvelle plaque 96 puits, mettre par puit :
- 5µL de 7 AAD (dilué au ¼ dans du PBS), 100µL de suspension cellulaire et 95 µL (qsp 200 µL) de PBS/EDTA.
- Prévoir des puits pour les cellules non marquées.
- Effectuer la lecture au FACSArray.

Fiche technique 5 : Dosage de l'ApoE par ELISA

1. Principe

La méthode ELISA est une technique immunologique destinée à détecter et/ou doser une protéine dans un liquide biologique.

Une plaque est préparée et une quantité connue d'anticorps de capture est ajoutée pour qu'il se fixe au fond des puits, c'est l'étape de « coating » de la plaque.

L'échantillon contenant l'antigène est ajouté.

L'anticorps de détection est ajouté et va se lier à l'antigène s'il est présent.

Les anticorps secondaires conjugués à l'enzyme sont ajoutés et vont se lier à l'anticorps de détection.

Le substrat de l'enzyme est ajouté et est convertit par l'enzyme sous une forme détectable (colorée ou fluorescente.)

Le résultat est analysé « à l'œil » ou dans un spectrophotomètre spécialement conçu pour accepter directement les plaques de 96 puits.

2. Protocole

Le protocole est fourni avec le kit ELISA-ApoE (Mabtech).

- Déposer 100 µL d'anticorps monoclonal anti-ApoE dilué à 2 µg/ml dans du PBS, pH 7,4.
- Incuber toute la nuit à 4°C.
- Laver 4 fois avec 200 µL de PBS.
- Déposer 200 µL/puit de tampon d'incubation qui permet de saturer les puits
- Incuber 1h à température ambiante.
- Laver 5 fois avec 200 µL de PBS-tween (étape de rinçage).
- Préparer la gamme de standards d'ApoE de 0,1 à 10 ng/mL dilués dans du tampon d'incubation à partir de la solution mère d'ApoE reconstituée dans du PBS à 5 µg/ml.
- Ajouter 100 µL/puit de standards et d'échantillons qui vont se fixer à l'anticorps au fond des puits.

- Incuber 1 à 2h à température ambiante puis laver (étape de rinçage).
- Ajouter 100 µL/puit d'anticorps monoclonal anti-ApoE couplé à la biotine (anticorps de détection qui se fixe à l'ApoE) dilué à 1 µg/ml dans le tampon d'incubation.
- Incuber 1h à température ambiante puis laver.
- Mettre 100 µL/puit de Strepatvidine-HRP (anticorps secondaire lié à la peroxydase qui se fixe au premier anticorps) dilué au $1000^{\text{ème}}$ dans du tampon d'incubation et laissons incuber 1h à température ambiante puis laver.
- Ajouter 100 µL/puit de la solution de substrat qui réagira avec la peroxydase des anticorps fixés.
- Incuber la plaque dans le spectrophotomètre à 37°C.
- Lire la densité optique à 450 nm à 10, 20, et 30 minutes.
- Pour évaluer la quantité de l'ApoE par rapport aux protéines cellulaires totales, un dosage protéine par la méthode BCA est effectué.

Fiche technique 6 : Extraction d'ARN – Méthode du Trizol

1. Principe

Le réactif Trizol est prêt à l'emploi pour l'isolation d'ARN total de tissus ou de cellules. C'est une solution de phénol et de guanidine isothiocyannate qui maintiennent l'intégrité de l'ARN durant toutes les étapes d'extraction. Le produit est commandé chez Invitrogen.

2. Protocole

Les volumes décrits ci-dessous sont pour un échantillon provenant de cellules en plaque 6 puits (5×10^5 cellules/puit pour MCF-7 et 1×10^6 cellules/puits pour THP-1 ensemencées toute la nuit puis traitées pendant 24 heures avec les agonistes de LXR ou les isomères CLA ou les milieux de culture conditionnés).

Homogénéisation :
- Retirer le milieu de culture des puits.
- Ajouter 1 mL de Trizol par puit et laisser incuber 1-2 min à température ambiante.
- Récupérer la solution Trizol-cellules et la transférer dans des tubes eppendorf.

Phase de séparation :
- Ajouter 200 µL de chloroforme dans chaque échantillon et mélanger vigoureusement.
- Incuber 2-3 min à température ambiante.
- Centrifuger 15 minutes à 4°C et 12 000 g. Cette étape permet de séparer la phase organique et la phase aqueuse qui contient les ARN.

Précipitation de l'ARN :
- Récupérer exclusivement la phase aqueuse dans des tubes neufs.
- Ajouter 500 µL d'isopropanol puis incuber 10 minutes à température ambiante.
- Centrifuger 5 minutes à 4°C à 7 500g.

Lavage des ARN :
- Eliminer le surnageant.
- Laver le culot en ajoutant 1ml d'éthanol absolu 75 %.
- Vortexer et centrifuger 5 minutes à 4°C à 7 500g.

Dissolution de l'ARN :
- Enlever le surnageant et laisser sécher en laissant le tube ouvert.
- Ajouter 10 µL d'eau RNase free et stocker si besoin à -20°C.

Dosage de l'ARN :
La concentration d'ARN de chaque échantillon est déterminée à l'aide du spectrophotomètre Nanodrop ND1000. Il permet de travailler sur des petits volumes de 1 µL et les données sont présentées sous forme de spectre. Il mesure la quantité d'ARN et d'ADN (A260) et de la pureté des échantillons (260/280 ratio).

Fiche technique 7 : RT-PCR

1. La transcription inverse (RT)

1.1. Principe

L'objectif de cette méthode est de produire des ADN complémentaires à partir d'ARN messagers extraits d'un tissu ou de cellules sous l'action d'une transcriptase reverse généralement provenant de retro-virus. C'est une ADN polymérase ARN dépendante qui utilise l'ARN comme matrice pour catalyser la synthèse du brin d'ADNc à partir d'une amorce. Souvent, on utilise une séquence polyT comme amorce qui va se fixer à la queue polyA des ARNm eucaryotes.

1.2 Protocole

Dénaturation :
- 1 µL d'ARN de concentration 1 µg/µL ; 1µL de dNTP à 10nM ; 0,5µL de random primer (250mg) ; 11,5 µL d'eau stérile (qsp 14 µL)
- Incuber dans le thermocycleur à 70°C pendant 5 minutes.

Hybridation et transcription inverse :
- Ajouter à chaque tube 6µL de tampon de transcription contenant :
4µL de buffer 5X ; 1µL de DTT ; 1µL de l'enzyme superscript (ou bien 1µL d'eau stérile pour les contrôles négatifs).
- Incuber dans le thermocycleur à 50°C pendant 45 minutes.

2. PCR quantitative

2.1. Principe

La PCR est une méthode qui permet de copier en grand nombre une séquence d'ADN ou un gène à partir d'une faible quantité, à l'aide d'un couple d'amorces spécifiques du fragment d'intérêt. A la fin de la PCR, les éléments de la réaction deviennent limitants et la production d'amplicons n'est plus exponentielle. C'est pourquoi la quantification se fait lors de la phase exponentielle.

Le supermix SYBR Green de chez Bio-Rad est utilisé pour la PCR en temps réel. Le SYBR Green est un fluorochrome qui s'intercale entre les molécules d'ADN double brin et permet donc de suivre l'amplification d'ADN par mesure de la fluorescence dans la gamme d'émission du SybrGreen. Dans ce supermix il y a également en quantité suffisante de la iTaq ADN polymérase (enzyme qui permet de synthétiser de l'ADN à de hautes températures), des dNTP et un tampon stabilisateur contenant du MgCl2.

2.2. Protocole

Préparation des mix (par puit) :
- Amorce sens (2,5 µM) :   1,5 µL
- Amorce antisens (2,5 µM) :   1,5 µL
- SYBR Green supermix : 7,5 µL

- Ajouter à chaque puit 5µL d'ADNc 5µL dilué au 40ème et 10µL de mélange contenant le SYBR Green supermix et les amorces du gène à quantifier.
- Les séquences des différentes amorces utilisées sont présentées dans le tableau ci-dessous.

Gène	Amorce sens	Amorce antisens
β-actine	TGCTATCCAGGCTGTGCTATCC	GCCAGGTCCAGACGCAGG
ApoE	CTGCGTTGCTGGTCACATTCC	CGCTCTGCCACTCGGTCTG
BAX	ACCGTGACCATCTTTGTG	AAAACACAGTCCAAGGCA
Bcl-2	AGGAGCTCTTCAGGGACGG	CGGACTCCACACACATGACC
ABCG1	CAGGAAGATTAGACACTGTGG	GAAAGGGGAATGGAGAGAAGA
ABCA1	TCAGTGGGATGGATGGCAAAG	TCCGACTCCGTCTGGCAATTA

ARL7	CAAGCTCTATGAGATGATCCTGAA	CAGCTCCTTAAGTCACCAGTCC
HMG-CR	TAACTCCTCCTTACTCGATAC	AATAGATACACCACGCTCAT

- Utiliser le thermocycleur MyiQ2 Real-Time PCR Detection System avec le programme suivant :

Cycle	Répétition	Etape	Temps (min)	Température (°C)	PCR/Melt Delta Acquisition	Température change	End temperature
1	1						
		1	5	95			
2	45						
		1	0.30	95			
		2	0.30	60	Real Time		
3	81						
		1	0.10	55	Melt Curve	0.5	95
4	1						
		1	∞	15			

- L'expression des gènes étudiés est analysée grâce à la méthode de quantification relative dite « méthode des delta Ct ($\Delta\Delta ct$) » . Cette méthode permet d'évaluer l'expression d'un gène d'intérêt par rapport à un gène témoin comme la β-actine.

Fiche technique 8 : Evaluation de l'efflux du cholestérol

1. Principe

Le test se base sur la technique mise au point par l'équipe de Rothblat en 1994 permettant de mesurer l'efflux du cholestérol cellulaire (de la Llera Moya *et al.* 1994). Il consiste à marquer les cellules (MCF-7) avec du cholestérol radiomarqué ([1,2]-^{3}H-cholestérol), puis doser la radioactivité émise dans le milieu de culture après incubation avec les différents traitements d'intérêt.

2. Protocole

- Ensemencer cellules MCF-7 dans plaque 24 puits (1 × 10^5 cellules/puit ; Vf= 500µL) pendant toute la nuit.
- Incuber cellules avec 1 µCi/ml de [1,2]-^{3}H-cholestérol dilué dans DMEM / 10% SVF pendant 24h.
- Remplacer le milieu avec du DMEM / 0,1% BSA pendant 24 heures pour que le cholestérol tritié se répartisse dans tous les compartiments cellulaires.
- Incuber les cellules avec les agonistes de LXR [T0901317 à 20 µM ou 22(R)-HC à 2 µg/mL] pendant 24h.
- Incuber les cellules toute la nuit avec les accepteurs extracellulaires (HDL à 50 µg/mL ou apoA1 à 25 µg/mL) dilués dans du DMEM sans sérum.
- Recueillir le milieu extracellulaire, le centrifuger puis mesurer la radioactivité (cpm) émise après rajout de liquide de scintillation et comptage au Hidex 300 SL.
- Quantification de la radioactivité cellulaire après extraction des lipides totaux à l'isopropanol.

La radioactivité totale du puit est la somme de la radioactivité cellulaire et extracellulaire. L'efflux est définit comme étant le pourcentage du cholestérol radiomarqué libéré des cellules dans le milieu extracellulaire :

$Efflux\ \% = Radioactivité\ extracellulaire\ Radioactivité\ totale \times 100$

Fiche technique 9 : Extraction de protéines

Les volumes décrits ci-dessous sont pour un échantillon provenant de cellules en plaque 6 puits (5×10^5 cellules/puit pour MCF-7 et 1×10^6 cellules/puits pour THP-1 ensemencées toute la nuit puis traitées pendant 24 heures avec les agonistes de LXR ou les isomères CLA ou les milieux de culture conditionnés).

Protocole

- Garder les cellules le maximum du temps dans le froid (glace).
- Laver les cellules au PBS
- Ajouter 200 µL de tampon RIPA par puit qui contenant les inhibiteurs des protéases (aprotinine et PMSF).
- Mettre sous agitation pendant 30 minutes à 4°C.
- Récupérer la suspension cellulaire dans le tampon et la transférer dans des tubes eppendorf pré-refroidis
- Centrifuger 30 minutes à 4°C à 12000 g.
- Récupérer le surnageant et le transférer dans un nouveau tube.

<u>Dosage des protéines par la méthode BCA</u>

Cette technique consiste à doser la quantité de protéines présentes dans les échantillons en prenant comme référence la BSA (=Sérum Albumine Bovine). Une courbe d'étalonnage de densités optiques est obtenue avec cette protéine à différentes concentrations connues grâce à une coloration du milieu.
Le BCA Working Reagent est utilisé pour le dosage des protéines car il contient le Reagent B SIGMA (copper (II) sulphate pentahydrate). Celui-ci apporte du cuivre Cu^{2+} au milieu qui sera réduit par les protéines. Plus il y aura de protéines, plus la coloration sera importante. Le Reagent A SIGMA (acide bicinchonic) est un produit

très chromogène, spécifique du Cu^{1+}, formant un complexe violet avec un maximum d'absorbance à 562 nm.

- Préparer une gamme de BSA dans des tubes eppendorfs .
- Déposer 10 µL de standards, d'échantillons dans une plaque 96 puits à fond plat.
- Ajouter 200 µL de BCA par puit contenant le réactif B dilué au 50ème dans le réactif A.
- Recouvrir la plaque et incuber à 37°C pendant 30 minutes.
- Faire une mesure d'absorbance à 540 nm avec un lecteur de plaque.

Volume de standard BSA (2mg/ml) en µL	Volume de tampon en µL (RIPA+Aprotinine + PMSF) (µL)	Concentration finale de BSA en mg/ml
5	95	0.1
10	90	0.2
20	80	0.4
30	70	0.6
40	60	0.8
50	50	1
60	40	1.2
70	30	1.4

Fiche technique 10 : Electrophorèse sur gel SDS-page

1. Principe

Cette technique se base sur la migration des protéines sur gel de polyacrylamide en fonction de leur taille. Les protéines sont séparées par électrophorèse en gel de polyacrylamide en présence de dodécylsufate de sodium (SDS). Ce détergent réagit avec les protéines en donnant la même charge à toutes les protéines et les complexes micellaires formés se séparent en fonction du poids moléculaire (PM) de la protéine. Le β-mercaptoéthanol ajouté aux échantillons permet de casser les ponts disulfures au sein des protéines et permet donc avec le SDS de linéariser les molécules.

2. Solutions et préparations biologiques

- Protéines des échantillons.
- Tampon Laemmli 5X (5 mL de Tris / HCl 0,5M pH 6.8, 2 g de SDS, 4 g de glycérol, 5 mL de β-mercaptoéthanol, 1.25 mL de Bleu de bromophénol à 1%, qsp 20 mL d'eau Ultra pure)
- Tampon de migration (Tris 3 g/L, glycine 14,4 g/L et SDS 1 g/L)
- Marqueur de taille (Bio-Rad) : Precision Plus Protein™ Dual Color Standards
- Gels pré-coulés 4-15% ou 10% (Bio-Rad).
- β-mercaptoéthanol

3. Protocole

- Préparer les échantillons avec du tampon échantillon contenant du β-mercaptoéthanol dilué au 1/20, afin de déposer la même quantité de protéines dans chaque puit.
- Se servir du dosage BCA : à partir de la plus petite concentration dans 20 µL, il faut calculer le volume à prélever des autres échantillons pour avoir la même quantité de protéines et compléter avec du tampon d'échantillon jusqu'à 25 µL.

- Placer les échantillons pendant 10 minutes à 110°C.
- Remplir la cuve d'électrophorèse de tampon de migration au 2/3 et entre les gels jusqu'en haut des puits.
- Déposer les échantillons et le marqueur de taille dans les puits à l'aide d'une micro seringue.
- Faire migrer à 200V pendant environ 40 minutes.

Fiche technique 11 : Western-Blot

1. Principe

Les protéines plasmatiques séparées par électrophorèses sont transférées sur une membrane de nitrocellulose ou de PVDF à l'aide du TRANS-BLOT TURBO (Bio-Rad). Les protéines ainsi immobilisées peuvent être colorées ou marquées par un ligand ou un anticorps spécifique et être visualisées. La méthode permet donc de détecter et de quantifier des protéines dans un échantillon.

2. Solutions et préparations biologiques

- Tampon de saturation : lait (5%) et TBS 1X (Tris Buffer Saline) tween20 à 0.1%.
- Tampon de dilution : lait-TBS 1X tween20 (0.1%).
- Tampon de lavage : TBS 1X (Tris Buffer Saline) tween20 à 0.1%.
- Les anticorps primaires et secondaires (couplés à la peroxydase).

	Anticorps primaire	Espèce	Anticorps secondaire
Bax	1000ème	Souris	2000ème
Bcl-2	1000ème	souris	2000ème
ABCG1	500ème	Lapin	3000ème
ApoE	250ème	Chèvre	1000ème
ApoE	500ème	Lapin	3000ème
ApoA1	500ème	Chèvre	1000ème
β-actine	2000ème	souris	2000ème

- Kit Uptilight US HRP WB contenant le réactif A (58372A) et le réactif B (58372B) (Interchim).

3. Protocole

Transfert

- Placer le gel sur la membrane et la recouvrir de papier Whatman déjà humidifié.
- Placer l'ensemble (papiers Whatman + gel) dans la cassette prévu pour l'utilisation de l'appareil Trans-Blot Turbo.
- Choisir le programme adéquat à l'expérience.

Saturer la membrane dans le tampon de saturation pendant 2h à température ambiante ou toute la nuit à 4°C.

Incubation avec l'anticorps primaire
- Incuber la membrane avec un anticorps primaire dirigé contre la protéine d'intérêt, dilué dans du tampon de dilution, pendant 2h à température ambiante et sous agitation.

Incubation avec l'anticorps secondaire
- Rincer 3 fois la membrane pendant 10 minutes avec du tampon de lavage.
- Incuber la membrane avec un anticorps secondaire dirigé contre les IgG du premier anticorps utilisé, pendant 2h à température ambiante et sous agitation.
- Rincer 3 fois la membrane pendant 10 minutes avec du tampon de lavage.

Révélation
Tous les anticorps secondaires utilisés sont couplés à la peroxydase et sont révélés par le kit Uptilight US HRP WB (Interchim).

- Mélanger le réactif A dilué au ½ dans du réactif B.
- Mettre le mélange sur la membrane et bien répartir sur toute la surface.
- Laisser incuber 1 min à l'abri de la lumière.
- Révélation.

Récepteur nucléaire LXR et cancer du sein : Coopération avec les macrophages. Études *in vitro* sur les modèles MCF-7 et THP-1

Les nutriments lipidiques peuvent intervenir dans la modulation des cancers en interagissant avec leurs récepteurs nucléaires. Parmi ces récepteurs, nous avons étudié le rôle du facteur nucléaire Liver X Receptor (LXR) dans un modèle cellulaire de cancer du sein (MCF-7). LXR joue un rôle essentiel dans l'homéostasie lipidique et notamment dans le transport inverse du cholestérol, permettant le retour de ce lipide des tissus périphériques vers le foie. D'autre part, certains isomères conjugués de l'acide linoléique (CLA) présents dans les aliments comme les produits laitiers et la viande des ruminants, et dont le pouvoir anti-tumoral est bien documenté, ont récemment été présentés comme activateurs potentiels de LXR. Nos travaux ont permis de confirmer l'importance de l'activation de la voie LXR par un agoniste synthétique (T0901317) et stérolique [22(*R*)-HC] et par l'isomère *t9,t11*-CLA pour inhiber la prolifération cellulaire et induire l'apoptose dans les cellules MCF-7. Nous avons montré que l'apolipoprotéine E macrophagique sécrétée sous l'influence de LXR serait impliquée dans les effets anti-prolifératifs observés. Nous supposons que l'augmentation de l'efflux du cholestérol après activation de LXR, accompagnée d'une privation membranaire de ce lipide, serait responsable, au moins en partie, des effets anti-prolifératifs observés. Nous proposons dans ce travail une nouvelle voie de recherche thérapeutique ainsi qu'une nouvelle approche pharmacologique et nutritionnelle utilisant les CLA pour la prévention contre le cancer du sein.

Mots-clés : LXR, efflux du cholestérol, CLA, cancer du sein.

Nuclear receptor LXR and breast cancer: Cooperation with macrophages. *In vitro* studies on MCF-7 and THP-1 models

Lipid nutrients are involved in the modulation of cancer by interaction with their nuclear receptors. Among these receptors, we chose to investigate the role of Liver X Receptor (LXR) in a breast cancer *in vitro* model (MCF-7). LXR is known to play an essential role in lipid homeostasis, particularly in reverse cholesterol transport, allowing the transport of this lipid from peripheral tissues to the liver. On the other hand, conjugated linoleic acids (CLA), found in foods such as dairy products and ruminant meat, and whose anti-tumor effects are well documented, were recently presented as potential activators of LXR. Our work has confirmed that activation of LXR pathway by synthetic (T0901317) and sterolic [22(*R*)-HC] agonists and by *t9,t11*-CLA, is important to inhibit cell proliferation and induce apoptosis in MCF-7 breast cancer cells. We showed that macrophagic apolipoprotein E secreted after LXR activation is involved in the anti-proliferative effects. We suggest that the increased cholesterol efflux after LXR activation, associated with cholesterol membrane deprivation, could be responsible for the observed anti-proliferative effects. We propose in this work a new therapeutic research area and a new pharmacological and nutritional approach using CLA for the prevention against breast cancer.

Keywords: LXR, cholesterol efflux, CLA, breast cancer.

yes
i want morebooks!

Oui, je veux morebooks!

Buy your books fast and straightforward online - at one of world's fastest growing online book stores! Environmentally sound due to Print-on-Demand technologies.

Buy your books online at
www.get-morebooks.com

Achetez vos livres en ligne, vite et bien, sur l'une des librairies en ligne les plus performantes au monde!
En protégeant nos ressources et notre environnement grâce à l'impression à la demande.

La librairie en ligne pour acheter plus vite
www.morebooks.fr

 VDM Verlagsservicegesellschaft mbH
Heinrich-Böcking-Str. 6-8   Telefon: +49 681 3720 174   info@vdm-vsg.de
D - 66121 Saarbrücken   Telefax: +49 681 3720 1749   www.vdm-vsg.de

Printed by Books on Demand GmbH, Norderstedt / Germany